Statistische Datenanalyse mit dem Programmsystem SPSS[x] und SPSS/PC[+]

Von
Dr. Detlef Steinhausen
und
Dr. Siegfried Zörkendörfer
Universität Münster

2., völlig überarbeitete Auflage

R. Oldenbourg Verlag München Wien

Wegen weiterer Informationen über das SPSS^X-System, SPSS Graphics, SPSS/PC+ und andere Software, die durch die SPSS Inc. hergestellt und vertrieben wird, wenden Sie sich bitte an:

SPSS GmbH, Steinsdorfstr. 19, D-8000 München 22

SPSS^X, SPSS und SPSS/PC+ sind geschützte Warenzeichen der SPSS Inc. für deren Computer Software. Keinerlei Materialien, die diese Software beschreiben, dürfen ohne die schriftliche Erlaubnis der Inhaber des Warenzeichens und der Lizenzrechte an der Software und dem Copyright an publizierten Materialien hergestellt oder vertrieben werden.

CIP-Titelaufnahme der Deutschen Bibliothek

Steinhausen, Detlef:
Statistische Datenanalyse mit dem Programmsystem SPSSx
[SPSSx] und SPSS/PC + [SPSS PC] / von Detlef Steinhausen u.
Siegfried Zörkendörfer. - 2., völlig überarb. Aufl. - München ;
Wien : Oldenbourg, 1990
  ISBN 3-486-21700-3
NE: Zörkendörfer, Siegfried:

© 1990 R. Oldenbourg Verlag GmbH, München

Das Werk einschließlich aller Abbildungen ist urheberrechtlich geschützt. Jede Verwertung außerhalb der Grenzen des Urheberrechtsgesetzes ist ohne Zustimmung des Verlages unzulässig und strafbar. Das gilt insbesondere für Vervielfältigungen, Übersetzungen, Mikroverfilmungen und die Einspeicherung und Bearbeitung in elektronischen Systemen.

Gesamtherstellung: Rieder, Schrobenhausen

ISBN 3-486-21700-3

Inhaltsverzeichnis

- 1.0 Einleitung 1
- 1.1 Ein Beispiel zur Datenerfassung 1
- 1.2 Konventionen bei der Erstellung der SPSS-X-Programmkarten 3
- 1.3 Beispiel für einen einfachen SPSS-X-Job 5
- 1.4 Erläuterungen zu diesem einfachen SPSS-X-Job 5
- 1.5 Eingabe von Dateien 6
- 1.6 Kurze Erläuterungen zum Umgang mit Dateien (Files) 6
  - 1.6.1 Dateien des Betriebssystems 6
  - 1.6.2 Dateien bei SPSS-X-Aufträgen 8

- 2.0 Einige grundlegende SPSS-X-Anweisungen 10
- 2.1 Seitenüberschriften, Kommentare, Voreinstellungen, Beenden, Testläufe ... 10
- 2.2 Datendefinition mit DATA LIST 12
- 2.3 Die Definition komplexerer Filestrukturen 13
  - 2.3.1 FILE TYPE MIXED 13
  - 2.3.2 FILE TYPE GROUPED 15
  - 2.3.3 FILE TYPE NESTED 17
  - 2.3.4 REPEATING DATA 19
  - 2.3.5 Selbstprogrammierte Eingabeprogramme 22
- 2.4 DISPLAY 25
- 2.5 PROCEDURE OUTPUT 25
- 2.6 INPUT PROGRAM, INPUT MATRIX 25
- 2.7 VAR LABELS 26
- 2.8 VALUE LABELS 27

- 3.0 Einfache Statistikprozeduren, Teil I 28
- 3.1 Grundsätzliches zur Syntax 28
  - 3.1.1 Die Prozeduranweisung 28
  - 3.1.2 Die OPTIONS- und STATISTICS- Anweisung 28
- 3.2 Eindimensionale Häufigkeitsauszählungen, FREQUENCIES 28
- 3.3 Descriptive Statistiken, CONDESCRIPTIVE 31
- 3.4 Kreuztabellen, CROSSTABS 32

- 4.0 Datenmodifikationen, Datenselektionen 34
- 4.1 Beispiel 34
- 4.2 Rekodierung mit RECODE und AUTORECODE 37
- 4.3 Zuweisung und Berechnungen mit COMPUTE 39
- 4.4 Bedingte Zuweisung mit IF 41
- 4.5 Zählen innerhalb eines Falles mit COUNT 41
- 4.6 Temporäre Modifikationen mit TEMPORARY 42
- 4.7 EXECUTE 42
- 4.8 Ausgabe auf Output File mit WRITE 42
- 4.9 WRITE FORMATS 43
- 4.10 Drucken mit PRINT 43
- 4.11 PRINT FORMATS 43
- 4.12 Auflisten mit LIST 44

Inhaltsverzeichnis

4.13	Auswahl von Fällen mit SELECT IF	44
4.14	Spezifikation fehlender Werte mit MISSING VALUES	44
4.15	Programmierstrukturen DO REPEAT, DO IF, ELSE, ELSE IF	45
4.16	Sortieren der Fälle, SORT CASES	46
4.17	LEAVE	47
4.18	Temporäre Variable und System Variable	47
4.19	Deklarationen STRING, NUMERIC	48
4.20	Zufallsauswahl mit SAMPLE	48
4.21	N OF CASES	49
4.22	Faktorielle Gewichtung mit WEIGHT	49
5.0	**Einfache Statistikprozeduren, Teil II**	**51**
5.1	Mehrfachantworten, MULT RESPONSE	51
5.2	Gruppenmittelwerte, BREAKDOWN	54
5.3	Zwei Gruppen Vergleich, T-TEST	55
5.4	Der Reportgenerator REPORT	58
5.5	Streuungsdiagramme	61
5.5.1	SCATTERGRAM	61
5.5.2	PLOT	62
5.6	Korrelationskoeffizienten, PEARSON CORR	70
5.7	Nichtparametrische Korrelationskoeffizienten, NONPAR CORR	70
5.8	Partielle Korrelation PARTIAL CORR	71
6.0	**Nichtparametrische Tests, NPAR TESTS**	**73**
7.0	**Dateienverarbeitung**	**80**
7.1	AGGREGATE	80
7.2	MATCH FILES	82
7.3	ADD FILES	84
8.0	**Multivariate Verfahren**	**85**
8.1	Multiple Regressionsanalyse, REGRESSION	85
8.2	Faktorenanalyse, FACTOR	95
8.3	Kurze Erläuterungen zum Grundprinzip der Varianz- und Kovarianzanalyse	102
8.4	Univariate Einwegsvarianzanalyse, ONEWAY	104
8.5	Univariate Mehrwegsvarianz- und Kovarianzanalysen, ANOVA	107
8.6	Multivariate Varianzanalyse, MANOVA	109
8.7	Diskriminanzanalyse, DISCRIMINANT	120
8.8	Proximitätsmaße, PROXIMITIES	127
8.9	Clusteranalysen	131
8.9.1	CLUSTER	131
8.9.2	QUICK CLUSTER	135
9.0	**Die PC-Version des SPSS: SPSS/PC+**	**138**
9.1	Mögliche Betriebsarten des SPSS/PC+	139
9.2	Beispiel einer kurzen Sitzung mit SPSS/PC+	141
10.0	**Neuerungen der Versionen 3 und 4**	**143**
10.1	Neue Namen einiger Prozeduren	143
10.2	Wegfall von OPTIONS und STATISTICS	143
10.3	Das MATRIX Unterkommando	144
	Literatur	146
Stichwortverzeichnis		**147**

Vorwort (zur ersten und zweiten Auflage)

Das Statistik-Softwarepaket SPSS ("**S**tatistical **P**ackage for the **S**ocial **S**ciences"), welches als Großrechnerversion inzwischen in der Version 4 vorliegt (nach 9 Versionen "SPSS" und 3 Versionen "SPSS^X", wobei "X" gleichermaßen für "extended" wie für römisch 10 steht), gehört zu den weltweit verbreitetsten Programmpaketen für die statistische Datenanalyse. An Hochschulen dürfte es bereits seit den 70-er Jahren flächendeckend vorhanden sein, aber bei weitem nicht nur dort: man findet es überall, wo in nennenswertem Umfange statistische Auswertungen durchzuführen sind. (Fast) rechtzeitig mit der Verbreitung von PCs erschien Mitte der 80-er Jahre auch eine PC-Version SPSS/PC+.

Der hier vorliegende einführende Text entstand aus Lehrveranstaltungen für Hörer/innen aller Fachrichtungen, die am Universitätsrechenzentrum Münster seit 1975 regelmäßig stattgefunden haben, und wurde zunächst in der Reihe "Software Information" des Rechenzentrums als begleitendes Skriptum publiziert. Für einen überregionalen Leserkreis überarbeitet und mit einem Abschnitt über SPSS/PC+ ergänzt, erschien es schließlich als Lehrbuch in dieser Reihe.

Die hier vorliegende 2. Auflage der Buchform enthält wesentliche Ergänzungen, insbesondere solche, die durch die Weiterentwicklung zu den Versionen 3 und 4 notwendig wurden. Der Abschnitt über SPSS/PC+ wurde völlig neu geschrieben, da sich die Benutzeroberfläche dieser PC-Version mehr und mehr dem bei PCs gewohnten Komfort angepaßt hatte, richtet sich allerdings nach wie vor eher an "PC-Umsteiger".

Diese Ausarbeitung soll ähnlich wie die von uns am Universitätsrechenzentrum Münster mehrfach gehaltene zugrunde liegende Lehrveranstaltung "Statistische Datenanalyse mit dem Programmsystem SPSS^X" einen ersten Eindruck von den Möglichkeiten des SPSS^X vermitteln und die ersten eigenen Anwendungen erleichtern.

Nicht angestrebt werden sollte und konnte eine Vollständigkeit der Darstellung, für die wir auf einschlägige (umfangreiche und teure) Handbücher des Herstellers verweisen müssen. So beschränken wir uns bei den statistischen Prozeduren neben den deskriptiven Verfahren auf t-Test und nichtparametrische Tests, auf Korrelationsrechnung (Pearson, Kendall, Spearman), auf Regressionsanalyse, Faktorenanalyse und Varianzanalyse, auf Diskriminanzanalyse und Clusteranalyse. Zudem wird von den meisten hier behandelten Prozeduren nur der - nach unserer Meinung - wichtigste Teil beschrieben.

Die (scheinbare) Benutzerfreundlichkeit des SPSS^X darf allerdings nicht darüber hinwegtäuschen, daß zum sinnvollen Einsatz sorgfältige theoretische und praktische Vorarbeiten (Fragebogenentwicklung, Hypothesenformulierung, Datenerhebung) zu leisten sind und hinreichende statistische Kenntnisse vorhanden sein sollten. Es werden also entsprechende Vorkenntnisse, wie sie zum Verständnis der Verfahren erforderlich sind, vorausgesetzt. Lediglich bei den multivariaten Verfahren wird jeweils eine knappe Einführung gegeben.
Wenn mit Hilfe dieses Textes und den darin enthaltenen Programmbeispielen der Einstieg ins SPSS^X erleichtert oder im Selbststudium möglich ist, so hat er seinen Zweck erfüllt.
Frau Christine Hülsbusch hat durch die Abfassung von Mitschriften wesentlich an der Gestaltung dieses Textes mitgewirkt. Ihr und Frau Sabine Klessinger sei an dieser Stelle für viele Anregungen, sorgfältige Schreibarbeiten und Korrekturlesen gedankt.

D. Steinhausen
S. Zörkendörfer

1.0 Einleitung

1.1 Ein Beispiel zur Datenerfassung

Das Programmsystem SPSS^X (Statistical Package for the Social Sciences - eXtended) dient der statistischen Datenanalyse. Anhand des nachfolgenden Fragebogens wollen wir zunächst erläutern, wie eine Datei erstellt wird, die dann mit dem SPSS^X bearbeitet werden kann. Gleichzeitig wird dabei ersichtlich, daß ein entsprechend gestalteter Erfassungsbogen den Arbeitsaufwand wesentlich verringern kann. Die Antworten des Fragebogens sollen (wie) auf Lochkarten erfaßt werden.

<small>Lochkarten sind allerdings inzwischen weitgehend aus der Datenverabeitung verschwunden. Wenn hier also noch von "Lochkarten" die Rede ist, sollte man diesen Begriff stillschweigend durch "Zeile am Bildschirm" oder "Zeile in einer Datei" ersetzt denken.</small>

Da eine größere Datenmenge vorliegt, werden die Daten hier im festen Format erfaßt, d.h. für jeden Fall ist eine Lochkarte vorgesehen, und die Antworten jeder Frage nehmen auf entsprechenden Karten die gleichen Spalten ein, numerische Variable (Zahlen) rechtsbündig, alphanumerische Variable (Texte) linksbündig. Deshalb ist hinter jeder Frage die erste und letzte Spalte des jeweiligen Feldes angegeben, in das die Antwort auf die Lochkarte geschrieben wird. Man erhält so ein Codierschema, das mittels der DATA LIST-Anweisung an SPSS^X übergeben werden kann. Bei Feldern, die nur mit Leerzeichen codiert wurden, wird die entsprechende Frage als 'nicht beantwortet' (MISSING VALUE) interpretiert werden.

Jeder Fragebogen ist mit einer laufenden Nummer versehen, um eine Identifikation von Lochkarte und zugehörigem Fragebogen zu bekommen. Die Erfassung einer Kartennummer ist bei dem Beispielfragebogen nicht notwendig, da hier nur eine Lochkarte pro Fragebogen benötigt wird. Braucht man mehr als eine Lochkarte pro Fragebogen, so sind jeweils eine Fragebogennummer und eine Kartennummer ('Kartenart') mit zu erfassen.

<u>Fragebogen</u>

Der einzige Sinn dieses Fragebogens besteht darin, eine Beispieldatei zu erstellen, an der das Programmpaket SPSS^X erklärt werden soll, insbesondere wird keine soziologische Untersuchung hiermit bezweckt. Die Teilnehmer(innen) dieser Lehrveranstaltung sollen den Fragebogen sorgfältig ausfüllen und so gemeinsam einen Datensatz erstellen, mit dem im folgenden unter SPSS^X gearbeitet werden kann.

```
Anmerkung: Bei Feldern die Sie (nur) mit Leerzeichen codieren, wird die
           entsprechende Frage als "nicht beantwortet" (MISSING VALUE)
           interpretiert werden.

Geburtsmonat.............................................|_|_|  ( 1- 2)
Alter (in Jahren)........................................|_|_|  ( 3- 4)
Geschlecht (W=weiblich, M=männlich)......................|_|    ( 5  )
Größe (in cm) .........................................|_|_|_|  ( 6- 8)
Personalausweiß ist gültig bis.......... |_|_|.|_|_|.19|_|_|    ( 9-14)
Fachrichtung (=Nr des Fachbereiches).....  ............|_|_|    (15-16)
```

Einleitung

```
In diesem Semester belegen Sie Veranstaltungen
in den Fachbereichen.................................|_|_|  (17-18)
(Fbe 01 bis 22, Rechenzentrum = 25)                  |_|_|  (19-20)
                                                     |_|_|  (21-22)
Semesterzahl (bzw. bis zum Examen, falls fertig).....|_|_|  (23-24)
Bisherige Bestleistungen im:
100-m-Lauf (in Zehntel Sec)..........................|_|_|_|  (25-27)
Weitsprung    (in cm)................................|_|_|_|  (28-30)
Hochsprung    (in cm)................................|_|_|_|  (31-33)
Kugelstoßen   (in dm)................................|_|_|_|  (34-36)
Noten (1-6) auf dem Schulabschlußzeugnis in
Deutsch..............................................|_|  (37  )
Mathematik...........................................|_|  (38  )
Latein...............................................|_|  (39  )
Englisch.............................................|_|  (40  )
Französisch..........................................|_|  (41  )
Sport................................................|_|  (42  )
Anzahl der Zigaretten pro Tag........................|_|_|  (43-44)
Dienstweg mit 1=Pkw,         2=Kraftrad 3=Fahrrad
              4=öffentliche Vm  5=zu Fuß
              (nur "erstes" angeben).................|_|  (45  )
Dienstweg heute angetreten um (Uhrzeit in hh.mm.)|_|_|.|_|_|  (46-49)
Am Arbeitsplatz angekommen um (Uhrzeit in hh.mm.)|_|_|.|_|_|  (50-53)

Zählen Sie die wichtigsten (bis zu vier Nennungen) der
unten angeführten Gründe auf, die Sie zum Besuch dieser
Veranstaltung bewogen haben........................G|_|  (54  )
                                                  G|_|  (55  )
                                                  G|_|  (56  )
                                                  G|_|  (57  )
```

G1 Mir liegen bereits die Daten einer Erhebung vor,
   die Auswertung möchte ich möglichst bald – noch
   während des Semesters – mit dem SPSS^x durchführen.

G2 Es ist wahrscheinlich, daß ich im Laufe meines Studiums
   Auswertungen mit dem SPSS^x durchführen werde.

G3 Ich benötige einen Teilnahmeschein zur Meldung
   zu einem Examen.

G4 Ich bin sicher, daß ich mich in der beruflichen Praxis
   mit derartigen Programmsystemen herumschlagen muß

G5 Ich kann bereits in einer Programmiersprache programmieren und
   möchte mit SPSS^x eine weitere Programmiersprache kennenlernen.

G6 Ich nehme die Gelegenheit wahr, einen Einblick in die
   Arbeitsweise eines Computers zu erhalten, damit ich fortan
   bei Interpretationen von Computer-Ergebnissen kritisch
   mitreden kann.

G7 Ich kenne SPSS bereits und möchte mir insbesondere die
   Neuerungen von SPSS^x vorführen lassen.

G8 Ich kenne SPSS bereits und möchte insbesondere meine

Einleitung

   Kenntnisse bzgl. programmiertechnischer Feinheiten vertiefen.

G9 Mein besonderes Interesse gilt einer Einführung in
   geläufige statistische Verfahren, deren Anwendung und
   Interpretation.

Nehmen Sie zu den folgenden Aussagen bitte Stellung indem Sie als
Antwort eine Zahl von 1 bis 6 angeben.
Dabei bedeutet 1 maximale Zustimmung, ..., 6 maximale Ablehnung.

```
S01 Ich bin eigentlich recht abergläubisch...................|_| (58)
S02 Ich sage grundsätzlich immer die Wahrheit...............|_| (59)
S03 Am liebsten arbeite ich allein und nicht so gern
    mit anderen zusammen...................................|_| (60)
S04 Oft muß ich mir einen Ruck geben, bevor
    ich mich zu etwas aufraffe.............................|_| (61)
S05 Es ist schade, daß die Bedeutung der Kirche
    nachgelassen hat.......................................|_| (62)
S06 Um im Leben vorwärts zu kommen, muß man sich
    bisweilen gegenüber anderen rücksichtslos durchsetzen..|_| (63)
S07 Eine Frau sollte auf der Straße nicht rauchen..........|_| (64)
S08 Statt Studenten mit Steuergeldern zu unterstützen,
    sollte man sie zum Arbeitsdienst einziehen.............|_| (65)
S09 Man sollte seinen Kindern nur das zu essen
    geben, was sie mögen...................................|_| (66)
S10 In persönlichen Krisenzeiten rauche ich besonders viel.|_| (67)
S11 Von der Zukunft erwarte ich eigentlich nur Gutes.......|_| (68)
S12 Wer arm ist, ist selber schuld........................|_| (69)
S13 Ich würde mich mehr auf einen Hund als auf
    einen Mitmenschen verlassen............................|_| (70)
S14 Eine Frau sollte ganz für die Familie dasein..........|_| (71)
S15 Die Ehe ist eine altmodische Erfindung................|_| (72)
S16 Wenn wir nicht aufpassen, werden wir noch
    vom Kommunismus überrollt..............................|_| (73)
S17 Es lohnt sich nicht, sich mit Politik zu befassen.....|_| (74)
S18 Geschlechtskrankheiten sind die gerechte Strafe
    für unerlaubten Sex....................................|_| (75)
S19 Die meisten Männer würden ihre Frauen betrügen,
    wenn sie nur Gelegenheit dazu hätten...................|_| (76)
S20 Ich treibe regelmäßig Sport...........................|_| (77)

Ihr Fragebogen hat die laufende Nummer..................|_|_|_| (78-80)
```

1.2 Konventionen bei der Erstellung der SPSS-X-Programmkarten

$SPSS^X$-Programme werden in Kartenform (also zeilenweise) eingegeben. Jedes $SPSS^X$-Kommando ist in zwei Bereiche aufgeteilt, das Kontrollfeld und das Spezifikationsfeld. Das Kontrollfeld beginnt in Spalte 1 und enthält das Kommandowort. Spezifikationen stehen hinter dem Kommandowort, getrennt durch mindestens ein Leerzeichen, und können über mehrere Zeilen hinweg fortgesetzt werden, solange die 1. Spalte frei bleibt. Jedes Kommando beginnt mit einem Kommandoschlüsselwort, welches sich aus mehreren Wörtern zusammensetzen kann. Nach dem Kommandowort sind bei den meisten Kommandos weitere Spezifikationen erforderlich, bei einigen Kommandos wie EXECUTE ist das Kommandowort allein schon ein

Einleitung

vollständiges Kommando. Viele der Spezifikationen setzen sich aus weiteren Unterkommandos zusammen, die wiederum zusätzliche Spezifikationen erfordern.
Schlüsselwörter im SPSS^X wie z.B. TO haben eine bestimmte, festgelegte Bedeutung. In den meisten Fällen ist SPSS^X so konzipiziert, daß die Schlüsselwörter auch als Variablennamen verwendet werden können, da sich aus der Zusammensetzung der Kommandos eindeutig ergibt, ob das Schlüsselwort oder der Variablenname gemeint ist. Reservierte Schlüsselwörter wie z.B. ALL, EQ, LE, NOT, TO, AND, GE, LT, OR, WITH, BY, GT, NE, THRU dürfen nicht als Variablennamen verwendet werden.
Variablennamen dürfen höchstens aus acht Buchstaben oder Ziffern und den Zeichen @, # oder $ bestehen, wobei das erste Zeichen in der Regel ein Buchstabe oder @ sein muß. Variablen, deren Name mit # beginnt, dienen als "Scratch-Variable" und können nicht in Prozeduren, wohl aber in "Zwischenrechnungen" bei Transformationen verwendet werden. SPSS^X stellt einige System Variablen (z.B. $CASENUM) zur Verfügung, die mit $ beginnen. Eine Folge von Variablen kann mit Hilfe des Schlüsselwortes TO definiert werden. Dabei sind jeweils nur der erste und der letzte Variablenname anzugeben, wobei die Variablennamen nummeriert sein müssen.
Beispiel:

BELEGT1 TO BELEGT4 ist bei der Definition neuer Variablen identisch mit BELEGT1, BELEGT2, BELEGT3, BELEGT4.

Wird in einer Prozedur Bezug genommen auf vorher angegebene Variablen, so kann ebenfalls TO angegeben werden, z. B.

```
FREQUENCIES VARIABLES=DEUTSCH TO SPORT
```

Alle Variablen, die sich in der Reihenfolge zwischen DEUTSCH und SPORT auf der aktuellen Datei befinden, werden in die Analyse eingeschlossen. Die Reihenfolge der Variablen auf der aktuellen Datei richtet sich nach der Reihenfolge der Variablendefinition auf dem DATA LIST, STRING und NUMERIC-Kommandos bzw. auf Recodierungskommandos (s. active File).
Mit der Angabe 'Variablenliste' sind immer die folgenden Möglichkeiten angesprochen:
a) ein einziger Variablenname
b) eine Aufzählung von Variablennamen getrennt durch Leerstellen oder Kommata
c) eine mit dem Schlüsselwort TO erklärte Folge von Variablen
d) einer Kombination von a),b) und c)
Bei der Erläuterung der Programmkarten werden die Klammersymbole { } und [ ] wie folgt verwendet:
{ ... } Es sind verschiedene Angaben möglich, eine davon ist
{ ... } auszuwählen. Falls nur unter zwei Möglichkeiten aus-
{ ... } zuwählen ist, bleibt die mittlere Klammer frei.

[....] Die in der Klammer stehenden Elemente können entfallen.

Runde Klammern sowie die Symbole ' = ', '/' sind zu übernehmen.
Bei der Auflistung von Variablen und speziellen Zahlenwerten gelten Komma und Leerzeichen (Blank) als gleichwertige Trennzeichen. Zusätzliche Zwischenräume sind erlaubt.

Einleitung

1.3 Beispiel für einen einfachen SPSS-X-Job

```
//*                   Beispiel 0                              BSP0Z010
//URZ27B0   JOB (TEST,K13),STEINHAUSEN,PASSWORD=(<PASSWORD>)  BSP0Z020
/*JOBPARM T=4                                                 BSP0Z030
// EXEC SPSSX                                                 BSP0Z040
//SYSIN DD *                                                  BSP0Z050
TITLE 'Statistische Datenanalyse mit dem SPSS-X'              BSP0Z060
SET LENGTH=NONE WIDTH=80                                      BSP0Z070
                                                              BSP0Z080
DATA LIST FILE=ROHDATEN/                                      BSP0Z090
 GESCHL 5 (A)                                                 BSP0Z100
 DEUTSCH,MATHE,LATEIN,ENGLISCH,FRANZ,SPORT 37-42              BSP0Z110
 LAUF100M  25-27 (1)                                          BSP0Z120
                                                              BSP0Z130
VAR LABELS    GESCHL 'Geschlecht' /                           BSP0Z140
 LAUF100M '100-m-Lauf in Sekunden'                            BSP0Z150
VALUE LABELS                                                  BSP0Z160
 GESCHL 'W' 'weiblich' 'M' 'maennlich' /                      BSP0Z170
 DEUTSCH TO SPORT 1 'sehr gut' 2 'gut' 3 'befriedigend'       BSP0Z180
    4 'ausreichend'  5 'mangelhaft' 6 'ungenuegend'           BSP0Z190
                                                              BSP0Z200
SUBTITLE 'Haeufigkeitsauszaehlungen mit FREQUENCIES'          BSP0Z210
FREQUENCIES   VARIABLES=GESCHL DEUTSCH MATHE/                 BSP0Z220
 HISTOGRAM=NORMAL/STATISTICS=ALL                              BSP0Z230
                                                              BSP0Z240
SUBTITLE 'Mittelwerte usw. mit CONDESCRIPTIVE'                BSP0Z250
CONDESCRIPTIVE LAUF100M                                       BSP0Z260
                                                              BSP0Z270
SUBTITLE 'Kreuztabellen mit CROSSTABS'                        BSP0Z280
CROSSTABS  TABLES=GESCHL BY DEUTSCH MATHE                     BSP0Z290
OPTIONS 3,4,9,14                                              BSP0Z300
STATISTICS 1                                                  BSP0Z310
FINISH                                                        BSP0Z320
//ROHDATEN DD DSN=URZ27.KURS,DISP=SHR                         BSP0Z330
//*                   Ende Beispiel 0                         BSP0Z340
```

Beispiel 0: Beispiel für einen einfachen SPSS^X-Job

1.4 Erläuterungen zu diesem einfachen SPSS-X-Job

Die ersten fünf Zeilen und die letzten zwei Zeilen (also diejenigen, die mit '//' bzw. '/*' in den Spalten 1 und 2 beginnen), sind JCL-Befehle (JCL = Job Control Language) und stellen somit Kommandos an das Betriebssystem dar (hier: Betriebssystem OS bzw. MVS von IBM). Sie können bei anderen Computerherstellern anders aussehen.
Zur besseren Abgrenzung gegenüber dem Text klammern wir unsere vollständigen Beispielprogramme durch zwei Kommentarzeilen der Betriebssystemsprache ein, sie beginnen mit den drei Zeichen //*. Die zweite Zeile ist die Job-Karte, die den Benutzer gegenüber dem System für diesen Rechenauftrag (Job) identifiziert. Die JOBPARM-Karte steuert die Resourcen-Anforderungen an das System für diesen Auftrag (hier: maximale Rechenzeit 4 Sekunden). In der vierten Zeile, dem EXEC-Kommando, wird kommandiert, das SPSS^X-System aufzurufen. Die DD-Kommandos (DD = data definition) stellen die Verbindungen zu (von SPSS^X) benötigten Dateien her. Das Kommando //SYSIN DD * in Zeile 5 weist auf die Datei mit den SPSS^X-Kontrollanweisungen hin, während die DD-Anweisung in der vorletzten Zeile

Einleitung

die Verbindung zu der Datei auf Magnetplatte, die im SPSS^X-Programm "Rohdaten" genannt wird, herstellt. Wie gesagt handelt es sich hierbei um JCL-Anweisungen eines Betriebssystems eines speziellen Herstellers, mit denen die Verbindung zwischen "SPSS^X und Außenwelt" hergestellt wird, die bei anderen Herstellern (oder Installationen) anders aussehen werden, aber in ähnlicher Funktion jeweils zur Verfügung stehen. Genaueres zum Umgang mit Dateien erfahren Sie im folgenden Abschnitt 1.6.

Das (optionale) TITLE-Kommando (SUBTITLE) legt die 1. (2.) Zeile der Seitenüberschrift für die Druckausgabe fest (siehe 2.1).

Das DATA LIST-Kommando (siehe 2.6) benennt den Dateinamen der einzulesenden Datei, definiert Namen der zu benutzenden Variablen und deren Reihenfolge - diese Reihenfolge ist bei Verwendung des Schlüsselwortes TO von Bedeutung - und spezifiziert gegebenenfalls die Positionen der einzulesenden Werte auf den Dateizeilen.

Die (optionalen) Kommandos VAR LABELS (siehe 2.11) und VALUE LABELS (siehe 2.12) legen für den Druckoutput (zusätzliche) Überschriften zu den Variablen bzw. deren Werten fest. Sind - z.B. mit Hilfe des DATA LIST-Kommandos - die zu bearbeitenden Variablen benannt, so kann aufgrund dieser zusätzlichen Erläuterungen die Druckausgabe der SPSS^X-Prozeduren verständlicher dargestellt werden.

Zum Beispiel werden Häufigkeitsauszählungen mit Hilfe der Prozedur FREQUENCIES (siehe 3.2), einfache deskriptive Statistiken mit Hilfe der Prozedur CONDESCRIPTIVE (siehe 3.3) und Kreuztabellen mit Hilfe der Prozedur CROSSTABS (siehe 3.4) aus den jeweils angegebenen Variablen berechnet und gedruckt.

1.5 Eingabe von Dateien

Für die Bearbeitung von Dateien im SPSS^X ist die Eingabe einer rechteckigen Datenmatrix erforderlich. Sie enthält die Beobachtungswerte von Variablen für eine bestimmte Anzahl von Fällen, die z.B. durch einen Fragebogen ermittelt worden sind. Jede Spalte der Matrix definiert eine Variable und jede Zeile eine Beobachtung (einen Fall). Ein Fall kann eine Person, eine Familie oder ähnliches sein. Eine Variable beschreibt ein Merkmal für die Fälle wie z.B. Geschlecht, Alter, usw.. Die Ausprägungen einer Variablen innerhalb der Datenmatrix können entweder numerisch (Zahlen) oder alphanumerisch (Zeichenketten, Strings) sein. Werte alphanumerischer Variablen setzen sich zusammen aus Zeichen, Ziffern und sogenannten Sonderzeichen. Für alphanumerische Variablen können innerhalb des SPSS^X-Jobs keine mathematischen Operationen ausgeführt werden.

Wird bei der Dateneingabe ein (numerisches) Feld mit nur Leerzeichen (Blank) aufgefüllt, so ordnet SPSS^X der Variablen für diese Beobachtung den System-Missing-Wert zu. Dieser ist zu unterscheiden von missing values, die vom Benutzer gesetzt werden können (s. MISSING VALUES).

1.6 Kurze Erläuterungen zum Umgang mit Dateien (Files)

1.6.1 Dateien des Betriebssystems

Um ein SPSS^X-Programm ausführen zu können, wird stillschweigend vorausgesetzt, daß eine Datenverarbeitungsanlage mit einem zugehörigen Betriebssystem bereitsteht.

Das SPSS^X wird von Programmen des Betriebssystems aufgerufen und stellt dann Anforderungen (Hauptspeicherkapazität, Rechenzeit, Zugriff auf Ein- und Ausgabegeräte wie auf externe Speicher, ...) an das System. Bei Beendigung des Programms wird SPSS^X die Kontrolle wieder an das Betriebssystem abgeben, das wiederum einen neuen Auftrag ("Job") aktiviert. Bei der Ausführung eines SPSS^X-Programms besteht also ("lesender" oder "schreibender") Zugriff auf mehrere Dateien, die vom Betriebssystem gewartet werden. Das jeweile Betriebs-

Einleitung

system kennzeichnet Dateien mit (in der Regel mehrgliedrigeren) Datei-Identifikationen; als Beispiele seien "URZ27.KURS" oder "URZ27.SPSSX.PGMLIB(BEISP13)" oder "ERHEBUNG DATEN A1" oder "C:\SPSS\BSP13.PGM" angeführt. Für Betriebssystemdienste dienen solche Dateiidentifikationen zur Kennzeichnung der jeweiligen Datei; eine vom $SPSS^X$ ausgehende Schreib- oder Leseanforderung bezieht sich auf eine derartige Datei. (Auch die Eingabe von einer Tastatur eines Bildschirmgerätes etwa kann als eine solche Datei angesehen werden.)
Aus verschiedenen Gründen ist es nicht sinnvoll, in der Formulierung derjenigen $SPSS^X$-Anweisungen, die eine Ein/Ausgabeoperation veranlassen, die Betriebssystem-Dateiidentifikation der jeweiligen Datei zu nennen. In der $SPSS^X$-Sprache benennt man diese Dateien mit $SPSS^X$-Namen (file handle), und zwar im FILE = bzw. im OUTFILE = Unterkommando.
Es ist offensichtlich notwendig, daß vor (d.h. zeitlich vor) der Ein/Ausgabeanforderung irgendwo die Verknüpfung des $SPSS^X$-Dateinamens mit der Betriebssystem-Dateiidentifikation erfolgt sein muß. Denkbar ist einerseits, daß diese Verknüpfung in der Sprache des Betriebssystems formuliert wird. Diesen Zweck erfüllt in dem von uns betrachteten Betriebssystem IBM/MVS die DD-Anweisung. Die Zeile BSP0Z330 des zuvor aufgeführten Beispiels mag dies verdeutlichen: Der $SPSS^X$-Dateiname "ROHDATEN" wird der Betriebssystem-Dateiidentifikation "URZ27.KURS" zugeordnet. Unter dieser Identifikation ist dem Betriebssystem eine bestehende Datei bekannt, sie enthält die Antworten der ausgefüllten Fragebogen. Innerhalb des $SPSS^X$-Programms wird in Zeile BSP0Z090 durch die DATA LIST-Anweisung mit dem Unterkommando FILE = ROHDATEN also eine Einleseanforderung an die Datei URZ27.KURS gestellt. (Hierzu folgender programmiertechnischer Hinweis zum Betriebssytem IBM/MVS bzw IBM/OS: Der gesamte Auftrag wird im Stapelbetrieb verarbeitet. Zum Zeitpunkt der Leseanforderung ist bereits der gesamte Auftrag selbst eingelesen und dem System bekannt. Es ist also kein Widerspruch, wenn das DD-Kommando BSP0Z330 "hinter" der DATA LIST-Anweisung BSP0Z090 positioniert ist. Das DD-Kommando hätte auch zwischen die Zeilen BSP0Z040 und BSP0Z050 eingefügt werden können. Es ist jedoch ein Fehler, wenn das DD-Kommando an die Position der Zeile BSP0Z130 tritt: Die Zeile BSP0Z050 kündigt als Programmtext (SYStem INput) mit der Dateispezifikation "*" eine Datei an, die unmittelbar folgt und zum Ende hin mit dem nächstfolgenden Betriebssystem-Kommando begrenzt wird. Derartige Betriebssystemkommandos beginnen in den beiden ersten Spalten mit "//" oder "/*". Die letzte Zeile des Programms wäre also nicht - wie gewünscht - Zeile BSP0Z320, sondern BSP0Z120.)
Denkbar ist andererseits, daß die Verknüpfung zwischen $SPSS^X$-Dateinamen (file handle) und Betriebssystem-Dateiidentifikation innerhalb der $SPSS^X$-Programms, also mit Hilfe einer $SPSS^X$-Anweisung formuliert wird. Dazu dient die FILE HANDLE-Anweisung; es ist ersichtlich, daß die erforderlichen Spezifikationen zu dieser Anweisung von Betriebssytem zu Betriebssytem unterschiedlich sind. Installationsabhängig kann mit dem $SPSS^X$-Kommando INFO entsprechend aufbereitete Information abgefragt werden.

Halten wir also fest: Innerhalb eines $SPSS^X$-Programms wird eine Datei durch einen $SPSS^X$-Dateinamen (file handle) benannt. Ferner wird entweder innerhalb dieses Programms in einer FILE HANDLE-Anweisung (unter der Verwendung der Betriebssytem-Dateiidentifikation) die Beziehung zu einer Betriebssystem-Dateiidentifikation hergestellt, oder aber diese Verknüpfung wurde außerhalb des $SPSS^X$-Programms in der Sprache des Betriebssytems (unter Verwendung des $SPSS^X$-Dateinamens) formuliert.
Es sei nochmal darauf hingewiesen, daß in unserer Betrachtung Dateien dadurch erklärt sind, daß sie Dateien im Sinne des Betriebssystems sind. So haben wir ein Beispielprogramm angeführt, bei dem sowohl das Programm wie auch die Eingabedaten je eine Datei darstellen. Im Gegensatz dazu ist es auch möglich, beide Informationen zu insgesamt einer Betriebssystem-Datei zusammenzufassen. ("FILE = INLINE", die Abgrenzung der Eingabedaten von den Programminformationen wird dabei durch Programm-Anweisungen BEGIN DATA und END DATA erfolgen).
Zur Verdeutlichung des Begriffs der Datei soll das bereits angeführte erste Programm dienen. Wir erwarten etwa die Ergebnisse der Häufigkeitsauszählung FREQUENCIES (Zeile BSP0Z220) von einem Schnelldrucker aufgelistet. In dieser Liste werden ferner Protokollinformationen über erfolgreiche Ausführung oder auch Fehlermitteilungen enthalten sein. Diese Druckausgabe ist eine Datei. Die einzulesenden Daten sind in einer vorbereiteten

Einleitung

Datei URZ27.KURS gespeichert. Das von uns formulierte SPSS^X-Programm selbst wird ebenfalls vom Betriebssystem in einer Datei SYSIN gewartet. Das angemietete SPSS^X-System steht dem Rechner zur Verfügung, nämlich in Form von abgespeicherten Dateien. Wir werden lernen, daß im Laufe der Programmausführung Dateien angelegt werden, in denen sozusagen als Zwischenergebnis der jeweilige Zustand der Daten abgespeichert ist.
Anwendungsbezogen wird gelegentlich zwischen Rohdatendateien und binär-verschlüsselten Dateien unterschieden. Von Rohdaten werden wir sprechen, wenn die Inhalte der Dateien für uns (ohne komplizierten Konvertierungsaufwand) lesbar sind. Rohdaten können mit der Tastatur eines Eigabegerätes bzw. mit den "Typen" eines Druckers dargestellt werden und von uns in dieser Darstellung interpretiert werden. Die hierzu verfügbaren Zeichen bilden den "Zeichenvorrat". Im Gegensatz zu Rohdatendateien gibt es Dateien, deren Informationsgehalt bereits vom Rechner "intern", "binär" aufbereitet wurde. In diesem Fall wird etwa ein Zahlenwert nicht in der uns geläufigen, gut-"lesbaren" Dezimalschreibweise, sondern in einer maschinennahen Darstellung vorliegen. Wenn mit dieser Zahl Rechenoperation ausgeführt werden sollen, liegt sie bereits in der internen Darstellung vor und braucht nicht jedesmal entsprechend konvertiert zu werden. Der Inhalt derartig gestalteter Dateien kann vom Menschen nicht auf einfache Weise "gelesen" (d.h. im Sinne der zugrundeliegenden Information interpretiert) werden.

1.6.2 Dateien bei SPSS-X-Aufträgen

Bei der Programmierung eines SPSS^X-Auftrages ist im Sinne des Betriebssystems zwischen den folgenden Dateien zu unterscheiden:

Command File
Der Command File ist (bei der hier beschriebenen Betriebsart Stapelverarbeitung) eine Datei aus 80-spaltigen Zeilen; die Zeilen BSP0Z060 bis BSP0Z320 bilden den Command File des ersten Beispielprogramms. Wir haben die Wirkung des SPSS^X-Kommandos NUMBERED voreingestellt: Interpretiert wird nur die Information aus den Spalten 1 bis 72, so daß uns das Feld der Spalten 73 bis 80 für eine Zeilenindentifikation zur Verfügung steht.
Der Command File enthält die SPSS^X-Kommandos, also das "Programm". Regeln für die Bildung der Kommandos und die Bedeutung einzelner Kommandos werden in den weiteren Abschnitten beschrieben.

Input Data File
Der Input Data File enthält die Rohdaten, die in die Analyse eingehen sollen. Er kann eine eigenständige Datei des übermittelten Auftrages sein. In diesem Fall muß innerhalb des Auftrages eine DD-Karte der folgenden Gestalt den Rohdaten unmittelbar vorangestellt sein : //ddname DD *. Ist der Input Data File bereits auf einem Magnetband oder einer Magnetplatte abgespeichert, so wird mittels der DD-Karte der Bezug zu dieser Datei hergestellt. Innerhalb eines Programmms können mehrere Input Data Files vorhanden sein.
Die Rohdaten können aber auch innerhalb des Command Files abgelegt werden, indem FILE = INLINE oder kein FILE-Unterkommando auf dem DATA LIST-Kommando spezifiziert wird. Innerhalb des Command Files werden die Rohdaten nach dem Kommando zum Aufruf der ersten Prozedur (bzw. den zugehörigen OPTIONS- und STATISTICS-Kommandos) eingefügt, zur Abgrenzung von den Kommandos werden sie durch die Kommandos BEGIN DATA und END DATA eingeschlossen.
Bei einigen Prozeduren ist es möglich, statt der Rohdaten Matrixmaterial oder sowohl Rohdaten als auch Matrizen einzulesen. Die Matrizen können innerhalb des Command Files eingefügt oder von einer getrennten Datei eingelesen werden. Der Name der Datei muß auf einem INPUT MATRIX-Kommando angegeben werden (s. INPUT PROGRAM, INPUT MATRIX).

Einleitung

System File, Active File
Eine SPSS^X-Datei besteht aus einer Datenmatrix, deren Werte i.d.R. von Lochkarten oder einem anderen Datenträger eingegeben werden. Außer den Werten dieser Datenmatrix wird ein Informationsteil (Dictionary) aufgebaut und gespeichert, der zur Beschreibung der Daten dient. In dem Informationsteil sind die Namen der Variablen, Variablenlabel als zusätzliche Erläuterung zu Variablennamen (s. VAR LABEL), Wertelabel als zusätzliche Erläuterung der Variablenwerte (s. VALUE LABEL), Print- und Writeformate zur Kennzeichnung nichtnumerischer Variablen und zur Festlegung von Nachkommastellen beim Ausdruck von Variablenwerten und Verschlüsselungen von missing values (s. MISSING VALUES) enthalten. Die Kombination aus Datenmatrix und Informationsteil bezeichnet man als aktuelle Datei (active File). Die aktuelle Datei kann mit neuen Variablen angereichert (COMPUTE, Berechnung von Z-Werten bei CONDESCRIPTIVE, usw.), durch Auswahl im Umfang reduziert (s. SELECT IF) und durch Umstellungen (s. SORT CASES) und durch zahlreiche Modifikationen verändert werden. Änderungen im Informationsteil werden sofort ausgeführt, im Datenteil werden sie jedoch erst beim Durchlesen der Daten für die nachfolgende Prozedur wirksam.

Auf der Ebene des Betriebssystems kann eine SPSS^X-Datei auch 'permanent' abgespeichert werden, z.B. auf einer Magnetplatte oder einem Magnetband. Dabei werden Informationsteil und Datenmatrix zusammen in einer kombinierten Datei, dem System File, abgespeichert. In späteren Programmen kann man den System File ansprechen, ohne Namen, Label usw. für die Variablen erneut angeben zu müssen. Mit dem Befehl SAVE OUTFILE = ddname wird ein SPSS^X-System File erstellt, mit dem Befehl GET FILE = ddname wird von dem System File gelesen, d.h. es wird zunächst der Informationsteil eingelesen, die Daten selbst werden erst während einer folgenden Prozedur eingelesen.

Display File
Der Display File enthält den Output der angegebenen SPSS^X-Prozeduren, Informationen über den Job und den Output eines WRITE- und PRINT-Kommandos, falls für dieses kein gesonderter Output File angegeben wurde. Der Inhalt des Display Files wird am Bildschirm oder über den Drucker ausgegeben. Der Display File hat (im Gegensatz zu Output Files) eine maximale Zeilenlänge von 132 Druckzeichen.

Output File
Einige Prozeduren im SPSS^X bieten die Möglichkeit der Ausgabe von Ergebnissen auf eine Datei, z.B. gewisse Matrizen, Mittelwerte, Rohwerte usw. in einer Form, die dann später z.B. in anderen Prozeduren des SPSS^X wieder eingelesen und weiterverwendet werden kann. Diese Dateien bezeichnet man als Output File. In der Regel ist der Output File ein Datenträger wie Magnetband oder Magnetplatte, so daß die Daten zur Weiterbearbeitung nicht neu 'eingetippt' werden müssen. Für die Erstellung eines Output Files ist die vorherige Angabe eines PROCEDURE OUTPUT-Kommandos erforderlich (s. PROCEDURE OUTPUT).

Zum Wiedereinlesen solcher Dateien ist die Angabe von INPUT MATRIX erforderlich.

Falls die Ergebnisse mehrerer Prozeduren auf dieselbe Datei geschrieben werden, wird nur das Ergebnis der letzten Prozedur gespeichert. Deshalb sollte jeder Output File durch einen eigenen Dateinamen auf einem PROCEDURE OUTPUT Kommando spezifiziert werden.

Ab Version 3 werden Matrizen, die zur Weiterverarbeitung zu speichern sind, in ein System File abgelegt (siehe: Kapitel 10.3).

2.0 Einige grundlegende SPSS-X-Anweisungen

2.1 Seitenüberschriften, Kommentare, Voreinstellungen, Beenden, Testläufe

TITLE, SUBTITLE

Die TITLE- und SUBTITLE-Anweisung dienen dazu, die Druckausgabe (Display File) besser zu kommentieren. TITLE liefert eine Überschrift für den Kopf jeder Seite der Druckausgabe. Der angegebene Titel kann aus bis zu 60 Zeichen bestehen und wird in Hochkommata eingeschlossen.

```
TITLE 'Text'
```

TITLE kann beliebig oft eingefügt werden, aber nicht zwischen einem Prozedurkommando und den zugehörigen OPTIONS- bzw. STATISTICS-Kommandos. Jedes neue TITLE-Kommando ersetzt das vorherige und wird von der nächsten Seite des Outputs ab wirksam. Das SUBTITLE-Kommando bewirkt das Drucken des angegebenen Textes direkt unter den Titel der Seite und wird genauso behandelt wie das TITLE-Kommando.

COMMENT

COMMENT-Karten ermöglichen, Kommentare in einen SPSS^X-Steuerkartensatz aufzunehmen. Im Spezifikationsfeld einer COMMENT-Karte kann jeder beliebige Text stehen, der sich auch über mehrere Zeilen erstrecken kann (Fortsetzungszeilen aber erst ab Spalte 2). COMMENT-Karten sind ohne Auswirkung auf den Programmablauf.

```
COMMENT Text
```

Eine andere Möglichkeit, ein Programm zu dokumentieren, ist durch Einschließen des Kommentars in /*...*/ gegeben. Da diese Form nicht über mehrere Zeilen fortgesetzt werden kann, genügt es, nur das beginnende /* zu setzen, wenn der Rest der Zeile als Kommentar gelten soll. Die Zeichenkombination '/*' darf aber nicht in der ersten Spalte beginnen, da das Betriebssystem diese Zeichenkombination als Indikator für das Ende des Command Files hält.

```
/* Kommentar */
```

SET

Das SET-Kommando dient zum Spezifizieren von Systemparametern und Voreinstellungen. Im folgenden wird nur ein Teil der möglichen Spezifikationen für das SET-Kommando dargestellt.

Das SET-Unterkommando LENGTH

```
            {  59  }
SET LENGTH={   n   }
            { NONE }
```

Das Unterkommando LENGTH legt die Anzahl der gedruckten Zeilen je Seite des Ausdrucks fest, die zwischen 40 und 999.999 variieren kann. Will man Seitenvorschübe vermeiden, so kann man das Schlüsselwort NONE benutzen. Ohne irgendeine Angabe wird die Seitenlänge des Display Files auf 59 Zeilen gesetzt.

Das SET-Unterkommando WIDTH

```
           { 132 }
SET WIDTH={      }
           {  n  }
```

Das Unterkommando WIDTH erlaubt es, die maximale Breite, d.h. die max. Anzahl der gedruckten Spalten je Zeile des Ausdruckes zwischen 80 und 132 Spalten festzulegen. Standardmäßig wird die Breite auf 132 Spalten gesetzt. Dies entspricht der maximalen Anzahl der Druckpositionen pro Zeile bei dem üblichen Schnelldrucker des Rechenzentrums der Universität Münster.

FINISH

Das FINISH-Kommando beendet einen $SPSS^X$-Job. Aufgerufen wird dieses optionale Kommando ohne weitere Spezifikationen:

```
FINISH
```

Kommandos, die nach FINISH angegeben werden, werden ignoriert, da nach FINISH keine weiteren $SPSS^X$-Kommandos gelesen werden.

EDIT

Mit dem EDIT-Kommando wird ein $SPSS^X$-Job ausgeführt, ohne daß die Daten gelesen oder bearbeitet werden. Dabei wird bei allen Kommandos, die dem einfachen Kommando EDIT folgen, die Syntax überprüft. Außerdem wird festgestellt, ob alle genannten Variablen auf dem DATA LIST-Kommando aufgeführt oder durch Transformationen definiert wurden bzw. dem Informationsteil (Dictionary) des active file bekannt sind. EDIT kann an jeder Stelle des $SPSS^X$-Programms angegeben werden.

2.2 Datendefinition mit DATA LIST

Mit der DATA LIST-Anweisung werden die Eingabedatei und die einzulesenden Variablen definiert. Jeder Variablen wird ein eindeutiger Name zugeteilt, mit dem sie später im Programm anzusprechen ist, es wird festgelegt, wie die Werte zu diesen Variablen einzulesen sind (Spalten, Nachkommastellen u.a.). Die Reihenfolge der Variablen auf der DATA LIST-Anweisung legt auch die Reihenfolge der Variablen im active file fest. Letzteres ist von Bedeutung für die Verwendung der TO-Konvention bei Variablenlisten.
Die DATA LIST-Anweisung hat den allgemeinen Aufbau:

```
                                      { 1 }
DATA LIST [FILE=Name der Datei] [RECORDS={   }]
                                      { n }

   { TABLE   }      {     1        }
[{          }] /[{                 }]
   { NOTABLE }      { Nr. der Karte }

            { Spaltenangabe-(Format)- }
  Var.liste{                          }-Var.Liste...-/...
            {     (Formatliste)       }
```

Die Bedeutung der einzelnen Teile:

FILE : SPSS^X wird der Name der Datei mitgeteilt, die bearbeitet werden soll. Für unser Betriebssystem ist dieser Name der DD-Name, der auf einer DD-Karte angeben ist. Das Unterkommando FILE kann nur dann weggelassen werden, wenn die Daten innerhalb des Command Files angegeben werden. Voreingestellt ist in diesem Fall FILE = INLINE. Die Rohdaten müssen innerhalb des Command Files durch BEGIN DATA und END DATA von den Kommandos abgetrennt werden.

RECORDS : Falls für jeden Fall einer Datei mehr als eine Datenkarte (also mehr als eine Zeile in der Datei) vorliegt, wird SPSS^X die Anzahl der Karten mitgeteilt. Standardmäßig wird 1 angenommen.

TABLE,NOTABLE : Standardmäßig druckt SPSS^X eine Tabelle aus, die eine Zusammenfassung der Variablendefinition darlegt und ihre Positionen protokolliert. NOTABLE unterdrückt das Auflisten dieser Werte; TABLE ist voreingestellt und druckt die Tabelle aus.

Variablendefinitionsteil der DATA LIST-Karte:

Die Variablendefinition beginnt mit einem Schrägstrich. Es kann die Nummer der Karte folgen, auf der sich die Werte für die genannten Variablen befinden. Ist pro Fall nur eine Karte beschrieben, kann die Kartennummer entfallen. Es folgt der Name der ersten Variablen, die von der vorliegenden Karte eingelesen werden soll. Danach wird die Spaltenposition dieser Variablen angegeben. Nimmt die Variable zwei oder mehrere Spalten ein, folgt nach der Angabe der Nummer der Anfangsspalte - durch Bindestrich ("bis") getrennt - die Nummer der Endspalte dieser Variablen. Gilt für einige Variablen, daß sie benachbarte Spalten auf der gleichen Karte einnehmen, die gleiche Feldbreite haben und vom gleichen Typ sind, so können die Variablen durch eine definierende Variablenliste aufgeführt werden. Danach folgt die Nummer der Anfangsspalte der ersten Variablen, ein Bindestrich, dann die Nummer der Endspalte der letzten Variablen. Die Positionen werden dann gleichmäßig auf die Variablen verteilt angenommen.

Einige grundlegende SPSS-X-Anweisungen

Standardmäßig wird angenommen, daß die Variablen numerisch sind, ferner, daß deren Werte entweder ganze Zahlen sind oder Dezimalpunkte explizit gelocht enthalten. Für alphanumerische Variablen muß nach der Spaltenposition in Klammern eingeschlossen der Buchstabe 'A' aufgeführt werden; für numerische Variablen mit implizitem Dezimalpunkt folgt in Klammern eingeschlossen die Zahl der Stellen rechts vom Dezimalpunkt, der dann nicht auf den Datenkarten abgelocht sein muß.
Beispiel: (vgl.1.3 und den Fragebogen in 1.1)

```
DATA LIST FILE=ROHDATEN/
    GESCHL 5 (A)
    DEUTSCH,MATHE,LATEIN,ENGLISCH,FRANZ,SPORT 37-42
    LAUF100M 25-27(1)
```

Die Angabe der Variablen und Formate ist aber auch in der Form Variablenliste (Formatliste) möglich. Dann würde obiges Beispiel so lauten:

```
DATA LIST FILE=ROHDATEN/
    GESCHL,DEUTSCH,MATHE,LATEIN,ENGLISCH,FRANZ,SPORT,LAUF100M
    (4X,A1,T37,6F1,T25,F3.1)
```

Die Formatangaben in der Formatliste orientieren sich an der in der Programmiersprache FORTRAN üblichen Schreibweise. Über das in FORTRAN übliche hinaus gibt es Formate für die verschiedenen externen und internen Zahlen- und Zeichenkettendarstellungen. Dies soll hier allerdings nicht mehr erläutert werden.

2.3 Die Definition komplexerer Filestrukturen

Die Statistikprozeduren im SPSS^X verlangen grundsätzlich "rechteckige Datenmatrizen". In manchen Fällen liegen die Daten allerdings nicht in einer streng rechteckigen Struktur vor. So können z. B. auf verschiedenen Kartenarten die gleichen Variablen (mixed Files), mehrere Kartenarten pro Fall mit fehlenden oder doppelten Karten (grouped Files) oder hierarchische Files mit beliebig vielen Records vom verschiedenem Typ vorliegen (nested files). Auch ist es möglich, daß ein File Records mit sich wiederholenden Gruppen (repeated groups) von Informationen, also damit mehrere Fälle pro Karte enthält.

Mit den Kommandos FILE TYPE, RECORD TYPE und DATA LIST können die oben genannten komplexeren Strukturen behandelt werden.
Ein Leser, der solcherart strukturierte Daten nicht hat, wird allerdings diese Abschnitte beim ersten Durchlesen überschlagen können.
Auf dem FILE TYPE-Kommando wird als erste Spezifikation der Typ des Files durch eines der Schlüsselwörter MIXED, GROUPED oder NESTED angegeben.

2.3.1 FILE TYPE MIXED

Der Filetyp MIXED definiert einen File, auf dem jeder Recordtyp ein Fall ist, aber einige Variablen, die für alle Records identisch sind, stehen in verschiedenen Spalten, oder einige Variablen sind nur für einige spezielle Recordtypen vorhanden.

Einige grundlegende SPSS-X-Anweisungen

Beispiel:

```
FILE TYPE MIXED FILE=Dateiangabe RECORD=Var.name Spalten
                WILD=WARN
RECORD TYPE 1
DATA LIST / X1 TO X10 1-10
RECORD TYPE 2
DATA LIST / X1 TO X10 16-25
END FILE TYPE
```

Beschreibung der Unterkommandos für FILE TYPE MIXED:

FILE:

Das Unterkommando FILE gibt die Datei an, für die die Definitionen vorgenommen werden.

RECORD:

Jeder Recordtyp muß durch eine gleiche Variable identifizierbar sein, deren Wert in gleichen Spalten bei allen Records codiert sein muß. Auf dem RECORD-Unterkommando werden die Variable, die zur Identifikation der Records dient, und die Spalten, in denen sich der Wert befindet, angegeben.

WILD:

Recordtypen, die auf den RECORD TYPE-Kommandos nicht erwähnt wurden, werden nicht gelesen, und es wird keine Warnung ausgedruckt. Um diese Voreinstellung explizit anzusprechen, kann WILD = NOWARN spezifiziert werden. Falls Records, die nicht berücksichtigt wurden, wie Fehler behandelt werden sollen, kann WILD = WARN angegeben werden. Dann werden für nicht berücksichtigte Records die ersten 80 Zeichen des Records und eine Warnung ausgedruckt. Diese Spezifikation sollte nur dann gebraucht werden, wenn explizit alle möglichen Recordtypen auf den RECORD TYPE-Kommandos definiert wurden. Falls auf dem letzten RECORD TYPE-Kommando das Schlüsselwort OTHER (s.u.) angegeben wurde, kann WARN nicht spezifiziert werden.

RECORD TYPE (für FILE TYPE MIXED):

Mit dem RECORD TYPE-Kommando werden die Kartenarten angegeben, die behandelt werden sollen. Für jeden Recordtyp muß ein RECORD TYPE-Kommando aufgeführt werden. Die erste Spezifikation des RECORD TYPE-Kommados ist der Wert oder auch eine Liste von Werten der Variablen, die auf dem RECORD-Unterkommando angegeben wurde ("Kartenart"). Falls die Variable alphanumerisch ist, muß der Wert in Anführungszeichen gesetzt werden. Danach wird ein DATA LIST-Kommando spezifiziert, welches die Variablen angibt, die gelesen werden sollen. Alle Werte der Variablen auf dem DATA LIST-Kommando müssen sich bei allen mit RECORD TYPE angegebenen Kartenarten in gleichen Spalten befinden. Falls bei einigen Kartenarten verschiedene Variablen oder gleiche Variablen an verschiedenen Positionen codiert wurden, sind jeweils getrennte RECORD TYPE- und DATA LIST-Kommandos erforderlich.

Falls gleiche Variablen bei mehr als einem Recordtyp definiert wurden, sollte der Formattyp und die Länge der Variablen auf allen DATA LIST-Kommandos gleich sein, da SPSS^X immer Bezug auf das erste DATA LIST-Kommando nimmt, das eine Variable mit zugehörigen Print- und Write-Formaten definiert. Falls verschiedene Variablen bei verschiedenen Typen definiert

Einige grundlegende SPSS-X-Anweisungen

wurden, erhalten die Variablen bei den Recordarten, bei denen sie nicht aufgeführt wurden, den System-Missing Wert.
Auf dem letzten RECORD TYPE-Kommando können mit dem Schlüsselwort OTHER die Recordarten angesprochen werden, die bei vorangegangenen RECORD TYPE-Kommandos nicht aufgeführt wurden. Mit dem Unterkommando SKIP auf dem RECORD TYPE-Kommando werden alle Karten des angegebenen Typs überlesen. Um z.B. explizit anzugeben, daß alle nicht angegebenen Arten überlesen werden sollen, kann als letztes Kommando RECORD TYPE OTHER SKIP spezifiziert werden.

2.3.2 FILE TYPE GROUPED

Beim Filetyp GROUPED liegen verschiedene Kartenarten pro Fall vor, die über eine Fallidentifikationsnummer zusammengefaßt werden. Alle Karten eines einzelnen Falles müssen in dem File hintereinander stehen. Die Karten brauchen jedoch nicht nach der Fallidentifikationsnummer geordnet zu sein.

Allgemeiner Aufbau des Filetyp GROUPED:

```
FILE TYPE GROUPED FILE=Dateiangabe RECORD=Var.name Spalten

                                  { WARN   }
 CASE=Var.name Spaltenangabe [WILD={        }]
                                  { NOWARN }

         { NOWARN }               { WARN   }            { YES }
[MISSING={        }] [DUPLICATE={          }] [ORDERED={      }]
         { WARN   }               { NOWARN }            { NO  }

RECORD TYPE Angabe des 1.Typs[CASE=Spaltenangabe]
DATA LIST / Var.liste
RECORD TYPE 2.Typ
DATA LIST / Var.liste
 :
 :
END FILE TYPE
```

Beschreibung der Unterkommandos:

FILE   : s. FILE TYPE MIXED.

RECORD : s. FILE TYPE MIXED.

CASE:

Das CASE-Unterkommando definiert die Variable, die zur Identifikation eines Falles dient, und gibt die Spalten an, in der der Wert dieser Variable zu finden ist. Der Wert der Identifikationsvariable definiert einen Fall im aktuellen File. Falls die Variable nicht bei allen Typen in gleichen Spalten codiert wurde, kann das CASE-Unterkommando auf dem jeweiligen RECORD TYPE-Kommando angegeben werden.

Einige grundlegende SPSS-X-Anweisungen

WILD:

Falls SPSS^X eine Karte erfaßt, die nicht als Recordtyp auf den RECORD TYPE-Kommandos angegeben wurde, wird eine Warnung ausgedruckt. Die undefinierte Karte wird nicht zur aktuellen Datei hinzugefügt. Falls WILD = NOWARN spezifiziert wird, wird zwar die Warnung unterdrückt, aber die Karte wird ebenfalls nicht zum File hinzugefügt. Wenn die Voreinstellung WILD = WARN angegeben wird, kann das Schlüsselwort OTHER nicht auf dem letzten RECORD TYPE-Kommando spezifiziert werden.

DUPLICATE:

Falls eine Karte des gleichen Typs bei einem Fall mehrfach vorkommt, wird unabhängig davon, ob DUPLICATE = WARN oder NOWARN spezifiziert wurde, nur die letzte Karte dieser gleichen Karten der aktuellen Datei hinzugefügt. Gleichzeitig werden eine Warnung und die ersten 80 Zeichen der letzten Karte ausgedruckt, wenn nicht DUPLICATE = NOWARN angegeben wird.

MISSING:

Falls bei einer Fallidentifikationsnummer ein Recordtyp fehlt, wird gemäß der Voreinstellung eine Warnung ausgedruckt (MISSING = WARN), und die Variablen, die auf dem fehlenden Kartentyp definiert wurden, erhalten für den Fall auf dem aktuellen File den System-Missing-Wert. Wird nicht erwartet, daß alle Fälle jeden Recordtyp haben, sollte MISSING = NOWARN angegeben werden. In diesem Fall werden keine Warnungen ausgedruckt; der Fall wird wie oben beschrieben der aktuellen Datei hinzugefügt.

ORDERED:

Mit dem Unterkommando ORDERED kann angegeben werden, ob die Karten für jede Fallidentifikationsnummer in der gleichen Reihenfolge vorliegen. Falls dieses nicht der Fall ist, muß ORDERED = NO angegeben werden. Voreinstellung: ORDERED = YES.

RECORD TYPE (für FILE TYPE GROUPED):

Jeder Recordtyp, der zur aktuellen Datei hinzugefügt werden soll, muß auf einem RECORD TYPE-Kommando angegeben werden. Die erste Spezifikation ist der Wert oder eine Liste von Werten der Variablen, die auf dem RECORD-Kommando genannt wurde. Für jede Kartenart, die gelesen werden soll, muß dem RECORD TYPE-Kommando ein DATA LIST-Kommando folgen. Ebenso können wie bei FILE TYPE MIXED auf dem letzten RECORD TYPE-Kommando die Schlüsselwörter OTHER und SKIP angegeben werden.
Da sich die Fallidentifikationsnummer nicht immer bei allen Kartenarten in gleichen Spalten befindet, kann mit dem CASE-Unterkommando der Ort der Nummer für die Kartenart angegeben werden. Diese Spezifikation überschreibt die Spaltenangabe auf dem FILE TYPE-Kommando nur für den jeweiligen Recordtyp. Ebenso können auf dem RECORD TYPE-Kommando DUPLICATE- und MISSING-Unterkommandos angegeben werden, deren Spezifikationen gleich sind mit denen der DUPLICATE- und MISSING-Kommandos. Beide Unterkommandos überschreiben die Spezifikationen oder Voreinstellungen auf dem FILE TYPE-Kommando für die spezifizierte Kartenart.

Beispiel:

```
FILE TYPE GROUPED FILE=Dateiangabe RECORD=RECID 4 CASE=NR 1-3
RECORD TYPE 1
DATA LIST / X1 to X10 1-10
RECORD TYPE OTHER SKIP
END FILE TYPE
```

2.3.3 FILE TYPE NESTED

FILE TYPE NESTED definiert einen hierarchischen File mit beliebig vielen Records von verschiedenem Typ. Die Recordtypen werden durch eine Fallidentifikationsnummer, die das höchste Level - der erste Recordtyp - kennzeichnet, zusammengefaßt. Der letzte Recordtyp beschreibt einen Fall auf der aktuellen Datei. Zum Beispiel kann ein File vorliegen, der Informationen über Autounfälle und drei Recordtypen, die hierarchisch miteinander in Verbindung stehen, enthält. Auf oberster Ebene der hierarchischen Struktur beinhaltet die erste Karte Informationen über den Unfall wie z.B. Ort, Zeit, usw. Für jede Unfallkarte gibt es eine Karte für jedes Auto, das in den Unfall verwickelt war. Diese Karten enthalten Informationen über das Auto wie z.B. Marke, Baujahr usw. Auf unterster Ebene liegt für jede Person, die sich in einem beteiligtem Auto befunden hat, eine Personenkarte vor. Die Karte enthält Informationen über die Person wie z.B. Art der Verletzung, Kosten des Krankenhausaufenthaltes, usw.. Jede Karte des Files enthält eine Kartennummer zur Identifikation der Kartenart und eine Unfallnummer zur Identifikation des Unfalles, auf den sich diese Karte bezieht. Mit FILE TYPE NESTED kann ein File erstellt werden, in dem jede Person einen Fall darstellt und die Informationen des zugehörigen Autos und Unfalls zugeordnet werden.

Allgemeiner Aufbau:

```
FILE TYPE NESTED FILE=Dateiangabe RECORD=[Var.name] Spalten
                                    { WARN   }
  CASE=[Var.name] Spaltenangabe [WILD={       }]
                                    { NOWARN }

         { NOWARN }              { NOWARN }
[MISSING={        }] [DUPLICATE={  WARN  }]
         { WARN   }              { CASE   }

RECORD TYPE Wert [SKIP] [CASE=Spaltenangabe]

         { YES }              { WARN   }
 [SPREAD={     }] [MISSING={            }]
         { NO  }              { NOWARN }
DATA LIST / Var.liste
RECORD TYPE Wert
DATA LIST / Var.liste
  :
  :
END FILE TYPE
```

Einige grundlegende SPSS-X-Anweisungen

Beschreibung der Unterkommandos:

FILE: s. FILE TYPE MIXED.

RECORD:

Jeder Recordtyp eines nested Files muß durch einen einheitlichen Code identifizierbar und die Werte müssen in gleichen Spalten auf allen Records codiert sein. Die Spezifikation des RECORD-Kommandos ist gleich der für MIXED Files.

CASE:

Auf dem Unterkommando CASE wird die Variable angegeben, die die Beziehung zur Karte mit dem höchsten Level in der Hierarchie herstellt. Die Spezifikationen des CASE-Unterkommandos sind gleich denen bei FILE TYPE GROUPED.

WILD:

Falls ein Recordtyp erfaßt wird, der auf keinem RECORD TYPE-Kommando angegeben wurde und WILD=WARN spezifiziert wurde, wird eine Warnung ausgedruckt, andernfalls (WILD=NOWARN) wird sie standardmäßig unterdrückt.

DUPLICATE:

Sobald ein Fall für nested Files geschaffen wird, überprüft $SPSS^X$, ob auf allen Ebenen mit Ausnahme des letzten Recordtyps Recordarten mehrfach vorkommen. Das heißt, daß zu jedem Fall nur genau eine Karte jeden Typs vorliegen darf. Mit dem DUPLICATE-Unterkommando sind drei Möglichkeiten gegeben, diese Art der Struktur zu behandeln. Als Spezifikation besitzt DUPLICATE NOWARN, WARN und CASE. Voreingestellt ist NOWARN, so daß keine Warnung ausgedruckt und zur Bildung eines Falles nur die letzte aller mehrfach vorkommenden Karten benutzt wird. Alle anderen Karten bleiben unberücksichtigt. Bei Angabe von WARN werden eine Warnung und die ersten 80 Zeichen der letzten Karte, die zur Bildung des Falles herangezogen wird, ausgedruckt, falls eine doppelte Karte bei der Bildung des Falles auftritt. Der Fall wird wie oben beschrieben gebildet. Durch die Spezifikation CASE wird dem File ein Fall hinzugefügt, der den System-Missing-Wert für Variablen auf jeder niedrigeren Ebene als der Ebene, in der die Mehrfachkarten aufgetreten sind, und auf jeder höheren Ebene den Wert der Mehrfachkarte bzw. den Wert der Variablen erhält.

MISSING:

Nachdem ein Fall für nested Files gebildet wurde, überprüft $SPSS^X$, ob für jeden definierten Fall genau eine Karte pro Typ vorliegt. Falls ein Recordtyp fehlt, erhalten die Variablen, die auf dem fehlendem Typ angegeben wurde, den System-Missing-Wert. Um für jeden Fall mit einem fehlendem Record eine Warnung zu erhalten, kann MISSING=WARN spezifiziert werden.

RECORD TYPE (für FILE TYPE NESTED):

Für jede Kartenart, deren Daten dem neuen File hinzugefügt werden sollen, muß ein RECORD TYPE- und ein DATA LIST-Kommando angegeben werden. Auf dem RECORD TYPE-Kommando ist nur die Angabe des Wertes jener Variablen erforderlich, die auf dem RECORD-Unterkommando spezifiziert sind. Die Reihenfolge der RECORD TYPE-Unterkommandos definiert die hierarchische Struktur des Files. Das erste RECORD TYPE-Kommando definiert die oberste Stufe der Recordarten, das nächste die nächstniedrigere usw. Das letzte Kommando definiert einen Fall in der aktuellen Datei. Die erste Karte der Datei sollte gleich dem zuerst angegebenen Typ sein, da andernfalls solange Karten überlesen werden bis zum erstenmal dieser Recordtyp erscheint.

Falls sich die Fallidentifikationsnummer nicht bei allen Kartenarten in gleichen Spalten befindet, können mit dem CASE-Unterkommando die Spalten der Nummer für eine Karte angegeben werden. Das CASE-Unterkommando sollte nur dann angegeben werden, wenn ein CASE-Kommando auf dem FILE TYPE-Kommando spezifiziert wurde. Außerdem muß das Format auf beiden CASE-Kommandos und auf allen Karten gleich sein.

Durch die Spezifikation SPREAD=YES werden die Werte der Variablen, die für einen Recordtyp definiert wurden, bei der Bildung aller Fälle, die sich auf diese Karte beziehen, herangezogen. Falls NO spezifiziert wird, werden nur bei dem ersten Fall die Werte der Variablen des Recordtyps zur Bildung herangezogen, falls sich mehrere Fälle auf eine Karte dieses Recordtyps beziehen. Alle anderen Fälle, die mit der gleichen Karte gebildet werden, erhalten den System-Missing-Wert für diese Variablen.

Beispiel:

```
FILE TYPE NESTED FILE=Dateiangabe RECORD=RECID 6 CASE=UNFALLNR 1-4
RECORD TYPE 1    /* Unfallkarte
DATA LIST / WETTER 12-13
RECORD TYPE 2    /* Autokarte
DATA LIST / AUTOTYP 16
RECORD TYPE 3    /* Personenkarte
DATA LIST / VERLETZT 16
END FILE TYPE
```

Das Beispiel zeigt, wie ein FILE TYPE NESTED-Kommando aussehen kann für eine Datei, in der drei Recordarten auftreten: Unfallkarte, Autokarte und Personenkarte.

2.3.4 REPEATING DATA

Mit dem REPEATING DATA-Kommando können aus einem Fall, bei dem die Werte für einige Variablen mehrfach erfaßt wurden, mehrere Fälle gemacht werden. Jede sich wiederholende Gruppe enthält individuelle Ausprägungen derselben Variablen, und für jede Wiederholung wird ein neuer Fall gebildet. Zum Beispiel kann eine Datei vorliegen, in der jede Karte einen Haushalt repräsentiert. Informationen über den Haushalt wie z.B. Anzahl der Personen und Anzahl der Autos in dem Haushalt sind auf jeder Karte festgehalten. Ebenso enthält jede Karte für jedes Auto eine Gruppe von Informationen über den Wagen wie z.B. Marke, Modell usw. Von jeder Karte kann für jede Gruppe von Informationen über ein Auto ein neuer Fall gebildet werden.

Das REPEATING DATA-Kommando kann nur im Rahmen eines INPUT PROGRAM oder innerhalb der Struktur FILE TYPE- END FILE TYPE für MIXED und NESTED FILE TYPE angewendet werden.

Allgemeiner Aufbau des REPEATING DATA-Kommandos:

```
INPUT PROGRAM
DATA LIST FILE=filename / Var.liste
REPEATING DATA [FILE=filename]
        /STARTS=Anf.pos.[-End.pos]
           {   Wert     }        {   Wert    }
 /OCCURS={            } [/LENGTH={           }]
           { Var.name  }        { Var.name   }
  [/CONTINUED[=Anf.pos. [-End.pos]]]
       { Spaltenangabe   }         {  TABLE   }
  [/ID={                 }=Var.name][{        }]
       { Format          }         {  NOTABLE }
  /DATA=DATA LIST-Spezifikationen
END INPUT PROGRAM
```

Das INPUT PROGRAM-Kommando zeigt den Beginn der Datendefinitionskommandos an, mit dem DATA LIST-Kommando werden die Variablen von dem angegeben File gelesen und durch das REPEATING DATA-Kommando werden die Werte der sich wiederholenden Gruppen gelesen und die neuen Fälle gebildet.

Beschreibung der Unterkommandos

STARTS:

Auf dem notwendigen STARTS-Unterkommando wird der Beginn der Datenwiederholungen angegeben. Beginnt die Wiederholung der Daten in gleichen Spalten auf jeder Karte, so genügt es, die Spaltenposition zu spezifizieren, andernfalls kann der Name einer vorher definierten Variablen angegeben werden, deren Werte den Beginn der Datenwiederholungen anzeigen. Diese Variable kann auf dem DATA LIST-Kommando definiert werden, wenn sie auf jeder Karte codiert wurde, oder sie muß mit Transformationskommandos neu geschaffen werden.
Falls sich die Wiederholung der Daten über mehrere Karten erstreckt, kann die Endposition der letzten auf der ersten Karte sich wiederholenden Gruppe auf dem STARTS-Kommando angegeben werden. Wird hier eine Variable angegeben, so müssen deren Werte definiert und größer als der Startwert sein, andernfalls werden bei undefinierten oder fehlenden Werten von der Karte keine Fälle und bei einem kleinerem Wert als der Startwert nur ein Fall gebildet.

OCCURS:

Das OCCURS-Kommando gibt an, wie oft sich die Datengruppen wiederholen. Ist die Anzahl der Wiederholungen auf allen Karten identisch, genügt die Angabe der Anzahl. Falls diese Anzahl auf allen Karten variiert, kann eine Variable angegeben werden, die auf einem vorangegangenen DATA LIST Kommando definiert oder mit Transformationskommandos geschaffen wurde.

DATA:

Mit dem DATA-Kommando werden die Variablennamen, Spaltenangaben innerhalb der Wiederholungen und das Format der Variablen, die die sich wiederholenden Gruppen bilden, angegeben. Falls LENGTH nicht verwendet wird, definieren alle Spezifikationen des DATA-Kommandos die identisch sind mit denen bei DATA LIST, die Länge der Wiederholung. Zu beachten ist, daß sich die angegebene Spaltenposition auf den Ort der Variablen innerhalb der Wiederholung und nicht auf die Spalten, in denen sich die Variable auf der Karte befindet, beziehen. Für einen REPEATING DATA-Aufruf ist die Angabe des DATA-Unterkommandos, welches als letztes Unterkommando aufgeführt werden sollte, erforderlich.

TABLE, NOTABLE:

Für alle Variablen, die auf dem DATA-Kommando angegeben werden, wird standardmäßig eine Tabelle über deren Formate und Namen ausgedruckt (TABLE). Mit NOTABLE wird der Ausdruck dieser Tabelle unterdrückt.

FILE:

Falls das FILE-Unterkommando nicht angegeben wird, liest das REPEATING DATA-Kommando von dem File, der auf dem vorangegangenen DATA LIST oder FILE TYPE-Kommando angegeben wurde. Mit dem FILE-Unterkommando kann der File noch einmal explizit angegeben werden.

LENGTH:

Mit dem LENGTH-Unterkommando wird die Länge jeder Gruppe von Wiederholungen angegeben. Falls kein LENGTH-Unterkommando spezifiziert wird, wird die Länge durch die letzte Spezifikation des DATA-Kommandos festgelegt. Das LENGTH-Kommando sollte dann angegeben werden, wenn die letzte mit DATA spezifizierte Variable nicht immer von der letzten Position der Wiederholungen gelesen wird oder wenn die Länge der Wiederholungen für alle Karten variiert. Die Spezifikation von LENGTH kann ein Wert oder der Name einer vorher definierten Variablen sein, deren Werte die Länge bestimmen.

CONTINUED:

Falls sich die Wiederholungen über mehr als eine Karte fortsetzen, muß das CONTINUED-Kommando spezifiziert werden. Jede Gruppe von Wiederholungen muß auf einer Karte stehen, d.h. Wiederholungen dürfen nicht auf zwei Karten aufgeteilt sein. Auf dem CONTINUED-Kommando wird die Anfangs- und Endposition der Wiederholungen auf den weiteren Karten angegeben. Werden keine Positionen spezifiziert, wird angenommen, daß die Wiederholungen in Spalte 1 beginnen und daß das Ende der Karte oder der Wert, der mit OCCURS angegeben wurde, das Ende der Wiederholung bestimmt.

ID:

Das ID-Unterkommando sollte zusammen mit dem CONTINUED-Kommando angegeben werden, um den Wert einer Identifikationsvariablen für alle Karten eines Falles zu vergleichen. Falls diese Werte nicht auf allen Karten gleich sind, wird eine Fehlermeldung ausgedruckt und das Lesen der Daten abgebrochen. Die Identifikationsvariable muß vorher auf dem DATA LIST-Kommando definiert und auf allen Karten des Files codiert sein. Das ID-Unterkommando hat zwei Spezifikationen, die Spaltenangabe der Variablen auf weiteren Karten eines Falles und der Name der Variable, die auf dem DATA LIST-Kommando für die erste Karte eines Falles definiert wurde. Das Format der Variablen muß identisch sein mit der Definition des Formates für die erste Karte.

Einige grundlegende SPSS-X-Anweisungen

Beispiel:

```
INPUT PROGRAM
DATA LIST FILE=AUTO/ NUM 2-4 ANZPERS 6-7 ANZAUTO 9-10
REPEATING DATA STARTS=12 / OCCURS=ANZAUTO / NOTABLE /
        DATA=MAK 1-8 (A) MODELL 9 (A) ANZCYL 10
END INPUT PROGRAM
```

Als weitere Anwendung sei ein Beispiel ohne gemeinsame Variablen angeführt. Es soll eine Auszählung über (maximal) 50 Wiederholungen eines Würfelexperimentes erfolgen, die Ergebnisse sind jedoch nicht auf 50 Zeilen, sondern in den ersten 50 Spalten einer einzigen Zeile niedergelegt.

```
INPUT PROGRAM
DATA LIST FILE=INLINE
REPEATING DATA START=1/OCCURS=50/DATA=AUGEN 1
END INPUT PROGRAM
FREQUENCIES VARIABLES=AUGEN
BEGIN DATA
43435215364622314536341243235635652426341432356541
END DATA
FINISH
```

Mit dem Experiment sind 49 Folgepaare angegeben. Zur Untersuchung von Auffälligkeiten in einer solchen "Vorgänger-Nachfolger"-Beziehung mag eine Kreuztabelle dienen, die von folgenden Programm erzeugt wird:

```
INPUT PROGRAM
DATA LIST FILE=INLINE
REPEATING DATA START=1/OCCURS=49/LENGTH=1/ DATA=VORNE 1 HINTEN 2
END INPUT PROGRAM
VARIABLE LABELS VORNE 'Vorgaenger' HINTEN 'Nachfolger'
CROSSTABS  TABLES=VORNE BY HINTEN
BEGIN DATA
43435215364622314536341243235635652426341432356541
END DATA
FINISH
```

Mit gleicher Methode kann eine Häufigkeitsauszählung der Buchstaben eines Textes erfolgen:

```
INPUT PROGRAM
DATA LIST FILE=TEXT
REPEATING DATA START=1/OCCURS=80/DATA=ZEICHEN 1-1 (A)
END INPUT PROGRAM
FREQUENCIES VARIABLES=ZEICHEN
FINISH
```

2.3.5 Selbstprogrammierte Eingabeprogramme

In der Regel geschieht die Dateierstellung durch das Einlesen von Rohdaten. Im SPSS^X-Programm ist dazu lediglich mit dem DATA LIST-Kommando anzugeben, wo die Werte einer Beobachtung auf der Datenzeile positioniert sind. Es ist natürlich auch möglich (und i.d.R. aufwendiger), im Sinne einer Programmiersprache mit einem selbsterstellten Eingabepro-

Einige grundlegende SPSS-X-Anweisungen

gramm den Dateiaufbau zu programmieren. Anhand eines Beispiels möchten wir lediglich auf die Möglichkeit derartiger Eingabeprogramme hinweisen, wir erklären jedoch nicht alle dazu bereitstehenden Programmierbefehle und die anzuwendenden Programmiertechniken.

Es wird ein kurzes Beispielprogramm aufgezeigt werden, wobei die Daten innerhalb des Eingabeprogramms erzeugt werden - es werden also gar keine Rohdaten eingelesen. Simuliert werden soll (mit 2100 Wiederholungen) ein Spiel, bei dem durch mehrfaches Werfen eines Spielwürfels 21 Augen angestrebt werden. Die erreichte Augenzahl variiert also von 21 bis 26, die Anzahl der Würfe kann von 4 bis 21 variieren. Einen ersten Überblick mag eine Kreuztabelle ergeben, aus der hervorgeht, welche Augenzahl mit wieviel Würfen erreicht wurde. Unser Beispielprogramm erzeugt eine entsprechende Datei, die Prozedur CROSSTABS erzeugt damit den Ausdruck der Mehrfeldertafel auf der folgenden Seite.

Wir geben nur einige Erklärungen zum Programmtext: Das Eingabeprogramm wird durch die Kommandos INPUT PROGRAM und END INPUT PROGRAM eingeklammert. Die Logik des Eingabeprogramms ist durch zwei ineinandergeschachtelte Schleifen (LOOP, END LOOP) bestimmt. Die äußere Schleife wird von einer "temporären" Laufvariablen #VERSUCH gesteuert und kontrolliert die Versuchswiederholungen (von 1 bis 2100). Die Laufvariable WURF der inneren Schleife zählt die Würfe innerhalb einer Wiederholung, sie zählt jeweils von Eins hoch, allerdings nie bis 99, da zuvor gewiß die im END LOOP-Kommando angegebene Abbruchbedingung "wenn AUGEN größer als 20" wahr wird. Das (wegen der Kommentare über 5 Zeilen verteilte) COMPUTE-Kommando berechnet die Augensumme AUGEN, und zwar unter Verwendung des Pseudo-Zufallszahlen-Generators UNIFORM. Der Funktionsaufruf UNIFORM(6) berechnet "zufällig, gleichverteilt" eine Zahl zwischen 0 und 6, die Funktion TRUNC (truncate) schneidet hiervon die Nachkommastellen ab. Wird dazu 1 addiert, so erhält man eine ganze Zahl in den Grenzen von 1 bis 6. Diese dient uns als Simulation eines Wurfes. Diese Augenzahl wird zur bisher erreichten Augenzahl hinzuaddiert; dabei wird anstelle des Additionsoperators "+" die Funktion SUM aufgerufen, weil die Variable AUGEN zu Beginn einer neuen Beobachtung noch keinen gültigen Wert (genauer: SYSMIS, s. Seite 38) hat. Im Eingabeprogramm wird durch das END CASE-Kommando angegeben, zu welchem Zeitpunkt der Datei eine neue Beobachtung (mit den permanenten Variablen WURF und AUGEN) hinzugefügt wir. END FILE beschließt die Dateierstellung, die Datei steht nun als active file für die Prozedur CROSSTABS zur Bearbeitung bereit.

```
TITLE '17+4 : Simulation, genau 21 Augen zu erwuerfeln'
SUBTITLE 'Ein Beispielprogramm ohne Dateneingabe'
INPUT PROGRAM              /* Begin des Dateierstellungsprogramms
LOOP #VERSUCH=1 TO 21000   /* Start der aeusseren Schleife
LOOP WURF=1 TO 99          /* Start der inneren Schleife
COMPUTE                    /* Berechnung:
 AUGEN=                    /*   Augensumme (neu)
  SUM(                     /*   Additionsfunktion
   AUGEN,                  /*   Augensumme (bisher, evtl. SYSMIS!)
   TRUNC(UNIFORM(6))+1)    /*   Wuerfelexperiment (Zufallszahl)
END LOOP IF (AUGEN > 20)   /* Endpunkt der inneren Schleife, Abbruch
END CASE                   /* Definition einer neuen Beobachtung
END LOOP                   /* Endpunkt der aeusseren Schleife
END FILE                   /* Zeitpunkt der Fertigstellung der Datei
END INPUT PROGRAM          /* Ende des Dateierstellungsprogramms
VARIABLE LABEL WURF 'Anzahl der Wuerfe'
VALUE LABEL AUGEN 21 '17+4'
     22 'zuviel' 23 'zuviel' 24 'zuviel' 25 'zuviel' 26 'zuviel'
CROSSTABS VARIABLES=WURF(4,21) AUGEN(21,26)/TABLES=WURF BY AUGEN
FINISH
```

Einige grundlegende SPSS-X-Anweisungen

```
15 MAY 90    17+4 : Simulation, genau 21 Augen zu erwürfeln
17:12:35     Ein Beispielprogramm ohne Dateneingabe
```

- - - - - - - - - - - - C R O S S T A B U L A T I O N O F - - - - - - -
    WURF   Anzahl der Würfe
BY AUGEN
- PAGE 1 OF 1

	AUGEN						
COUNT	17+4	zuviel	zuviel	zuviel	zuviel	zuviel	ROW TOTAL
	21	22	23	24	25	26	
WURF							
4	330	182	54	11			577 / 2.7
5	1444	1084	735	435	225	87	4010 / 19.1
6	1949	1691	1372	930	658	271	6871 / 32.7
7	1329	1245	1124	887	630	307	5522 / 26.3
8	653	603	540	458	311	213	2778 / 13.2
9	200	195	195	158	121	61	930 / 4.4
10	45	46	53	51	36	17	248 / 1.2
11	12	13	5	12	8	3	53 / .3
12	2	3			3	1	9 / .0
13		1			1		2 / .0
COLUMN TOTAL	5964 / 28.4	5063 / 24.1	4078 / 19.4	2942 / 14.0	1993 / 9.5	960 / 4.6	21000 / 100.0

NUMBER OF MISSING OBSERVATIONS = 0

2.4 DISPLAY

Mit dem DISPLAY-Kommando ist es möglich, das Inhaltsverzeichnis, Variablen oder Label eines System-Files herauszuschreiben. Es kann an jeder Stelle eines SPSS^X-Jobs gebraucht werden, um den Datendefinitionsteil der aktuellen Datei auszudrucken, auch wenn ein Systemfile noch nicht gelesen oder gesichert wurde. Jedes der folgenden Schlüsselwörter, von denen jeweils nur eins angegeben werden kann, liefert eine bestimmte Art der Information:

DICTIONARY: gesamtes Inhaltsverzeichnis der Variablen
INDEX   : Variablennamen und Positionen
VARIABLES : Variablennamen, Positionen, PRINT- und WRITE-Formate
LABELS   : Variablennamen, Positionen und Variablenlabel

Sollen nur von einigen Variablen Informationen herausgeschrieben werden, so kann den oben genannten Schlüsselwörtern ein weiteres VARIABLES-Unterkommando folgen, getrennt durch einen Schrägstrich, welches die Variablen nennt, für die das Inhaltsverzeichnis ausgegeben wird.

```
DISPLAY [Schlüsselwort] [/VARIABLES=Var.liste ]
```

2.5 PROCEDURE OUTPUT

Manche Prozeduren können Ergebnisse auf einen Output File herausschreiben, die z.B. anderen Prozeduren als Eingabe dienen. In diesem Fall muß vor der Prozedur ein PROCEDURE OUTPUT-Kommando angegeben werden. Als einzige Spezifikation besitzt PROCEDURE OUTPUT das Unterkommando OUTFILE=, das die Datei nennt, auf die der Output geschrieben werden soll.

```
PROCEDURE OUTPUT OUTFILE=Dateiname
```

2.6 INPUT PROGRAM, INPUT MATRIX

Bei einigen Prozeduren ist es möglich, anstelle der Rohdaten Matrix-Material oder sowohl Rohdaten als auch Matrizen einzulesen. Hierzu kann das Matrixmaterial dem Programm hinzugefügt werden oder von einer getrennten Datei eingelesen werden. Mit dem Kommando INPUT MATRIX wird das Matrix-Material von der Datei eingelesen, die mit dem Unterkommando FILE spezifiziert wurde. Falls in einem SPSS^X-Job nur Matrix-Material bearbeitet werden soll, müssen die verwendeten Variablen durch das NUMERIC-Kommando deklariert werden. Die Kommandos NUMERIC und INPUT MATRIX, die durch INPUT PROGRAM-END PROGRAM eingeschlossen werden, sollten direkt vor dem Prozedurkommando angegeben werden, auf das sie sich beziehen.

Einige grundlegende SPSS-X-Anweisungen

Beispiel:

```
// EXEC SPSSX
//SYSIN DD *
    :
    :
INPUT PROGRAM
NUMERIC X1 TO X10
INPUT MATRIX FILE=MAT
END INPUT PROGRAM
FACTOR READ/ VARIABLES=X1 TO X10
FINISH
//MAT DD ...
```

Mit dem Kommando INPUT MATRIX wird durch FILE=MAT eine Verbindung zur DD-Anweisung //MAT DD ... hergestellt, indem der sogenannte ddname, hier MAT, spezifiziert wird. Die Betriebssystem-Anweisung //MAT DD ... gibt die Datei an, von der gelesen werden soll. Das NUMERIC-Kommando benennt die Variablen X1,...,X10 der Matrix. Das Unterkommando READ der Prozedur FACTOR spezifiziert, daß eine Korrelationsmatrix eingelesen wird. Falls die Matrix im Programmtext hinzugefügt wurde, sollte das INPUT MATRIX-Kommando ohne weitere Spezifikationen angegeben werden. Die Matrix wird in diesem Fall durch die Kommandos BEGIN DATA und END DATA eingeschlossen.

Die Ein- und Ausgabe von Matrixmaterial wird ab Version 3 des SPSS^X neu geregelt durch das MATRIX-Unterkommando. Näheres hierzu siehe Kapitel 10.3 .

2.7 VAR LABELS

Die VAR LABELS-Anweisung ermöglicht es, Variablen ein Label zu geben, welches die Variablen näher kennzeichnet und in der Druckausgabe erscheint.

```
VAR LABELS Var.name 'Label'[/Var.name...]
```

Variablennamen und Variablenlabel werden durch mindestens ein Leerzeichen getrennt, wobei das Label in Hochkommata gesetzt wird.
Beispiel: (vgl. 1.3)

```
VAR LABELS GESCHL 'GESCHLECHT'
```

Man kann aber auch, wie in alten SPSS-Versionen üblich, folgendes schreiben:

```
VAR LABELS GESCHL,GESCHLECHT/
```

2.8 VALUE LABELS

Die VALUE LABELS-Anweisung ermöglicht es, Variablenwerten ein Label zu geben. Wertelabel werden nur in Statistikprozeduren gedruckt, die Werte explizit ausdrucken wie z.B. FREQUENCIES.

```
VALUE LABELS Var.liste Wert 'Label' Wert 'Label'...
            [/Var.liste...]
```

Der Variablenliste folgt ein Wert der Variablen und ein in Hochkommata eingeschlossenes Label. Dann kann der nächste Wert und das zugehörige Label angegeben werden usw.
Beispiel: (vgl. 1.3)

```
VALUE LABELS GESCHL 'W' 'weiblich' 'M' 'maennlich'
```

Man kann aber auch, wie in alten SPSS-Versionen üblich, folgendes schreiben:

```
VALUE LABELS GESCHL ('W') WEIBLICH ('M') MAENNLICH
```

3.0 Einfache Statistikprozeduren, Teil I

3.1 Grundsätzliches zur Syntax

Die mit SPSS^X durchführbaren Verfahren zur statistischen Datenanalyse sind in Form einzelner Prozeduren implementiert, die in ähnlicher Form aufzurufen sind.

3.1.1 Die Proceduranweisung

Jede Statistikprozedur hat ihre eigene Proceduranweisung mit einer eindeutigen Kennung und prozedurabhängigen weiteren Angaben. In einem Job können durch mehrere Prozedurkarten verschiedene Prozeduren oder die gleiche Prozedur wiederholt aufgerufen werden.

3.1.2 Die OPTIONS- und STATISTICS- Anweisung

Die OPTIONS-Anweisung folgt einer Prozedur und legt die gewünschten Optionen fest, die z.B. die Behandlung der fehlenden Werte in der Prozedur oder eine bestimmte Form des Ausdrucks festlegen können. Jede Option wird durch eine eindeutige Kennzahl festgelegt, deren Bedeutung in den Beschreibungen der jeweiligen Statistikprozeduren erläutert wird. Fehlt die OPTIONS-Karte oder werden nicht alle Optionen explizit durch Ziffern angesprochen, so treten Voreinstellungen in Kraft. Eine OPTIONS-Karte gilt nur für die unmittelbar vorhergehende Prozedur.
Mit der STATISTICS-Anweisung, die ebenfalls der Proceduranweisung folgt, können bei einigen Prozeduren verfahrensabhängige Statistiken ausgewählt werden. Diese Statistiken werden durch Zahlen festgelegt, deren Bedeutung in den Beschreibungen der Prozeduren erläutert werden. Sollen alle Statistiken berechnet werden, so kann das Schlüsselwort ALL benutzt werden. Ohne Angabe einer STATISTICS-Karte, die nur für die unmittelbar vorhergehende Prozedur gilt, werden in der Regel nur die wichtigsten Ergebnisse ausgedruckt.
Beispiel(vgl. 1.3):

```
CROSSTABS TABLES=GESCHL BY DEUTSCH MATHE
STATISTICS ALL
OPTIONS 3 4 9
```

OPTIONS- und STATISTICS-Anweisungen wurden teilweise und ab Version 3 (vgl. Kapitel 10.2) vollständig durch entsprechende Angaben über Unterkommandos im Spezifikationsteil der Prozedur ersetzt. Der Benutzer kann allerdings die in diesem Buch beschriebene Schreibweise (noch) weiterhin verwenden, da sie neben der veränderten Syntax weiterhin gilt.

3.2 Eindimensionale Häufigkeitsauszählungen, FREQUENCIES

Diese Prozedur berechnet und druckt Tabellen mit absoluten Häufigkeiten, relativen Häufigkeiten unter Einbeziehung der fehlenden Werte, bereinigten relativen Häufigkeiten, d.h.

ohne fehlende Werte und kumulierten bereinigten Häufigkeiten für diskrete Variablen. Außerdem können Histogramme der absoluten und relativen Häufigkeiten ausgegeben werden.

Aufbau der Prozedurkarte:

```
FREQUENCIES VARIABLES=Var.liste[(min,max)]
                [Var.liste...]
                [/weitere Spezifikationen]
```

Das Unterkommando VARIABLES nennt die Variablen, die analysiert werden sollen.
Die Spezifikationen des notwendigen Unterkommandos VARIABLES sind abhängig davon, ob man im Ganzzahlmodus oder im Generalmodus arbeitet. Beim Ganzzahlmodus werden für alle Variablen der minimale und der maximale Wert des zu berücksichtigenden Wertebereichs, der dann nur ganzzahlige Werte (oder die ganzzahligen Anteile von nichtganzzahligen Werten) umfaßt, angegeben, d.h. die Größe der Tabellen wird spezifiziert; beim Generalmodus werden alle angegebenen Variablen in die Berechnung einbezogen, jede vorkommende Ausprägung erzeugt dabei eine Zelle.

Aufstellung weiterer Unterkommandos, die durch jeweils einen Schrägstrich getrennt werden:

```
FORMAT=Angabe
```

Dieses Unterkommando, das sich auf alle Variablen, die mit VARIABLES genannt wurden, bezieht, kontrolliert das Format der Tabellen, unterdrückt Tabellen usw.

Folgende Schlüsselwörter sind als Angabe möglich:

NOLABELS : Es werden keine Variablen- und Wertelabel gedruckt. Standardmäßig druckt FREQUENCIES alle Label, die über das VAR LABELS und das VALUE LABELS Kommando angegeben wurden.
DOUBLE : Doppelter Raum für die Häufigkeitstabellen.
NEWPAGE : Für das Drucken jeder Tabelle wird eine neue Seite genommen.
NOTABLE : Unterdrückt alle Häufigkeitstabellen. Gedruckt werden nur Histogramme und Barcharts.

```
MISSING=INCLUDE
```

Mit diesem Unterkommando werden fehlende Werte in die Berechnungen eingeschlossen.

```
                             {  FREQ(n)   }
BARCHART=[MINIMUM(n)] [MAXIMUM(n)] [{            }]
                             {  PERCENT(n) }
```

Das BARCHART-Unterkommando bewirkt das Drucken von Säulendiagrammen.

Erklärung der Spezifikationen:

MINIMUM(n) : Untere Grenze der Werte, die gedruckt werden sollen.
MAXIMUM(n) : Obere Grenze; Werte oberhalb dieses Maximums werden nicht gedruckt.
PERCENT(n) : Die horizontale Achse wird in Prozentzahlen (relativen Häufigkeiten) skaliert.
FREQ(n)   : Die horizontale Achse wird in (absoluten) Häufigkeiten skaliert.
Ohne Angabe einer Spezifikation werden alle Werte gedruckt, und die horizontale Achse wird in absoluten Häufigkeiten skaliert.

```
              { NONORMAL }
HISTOGRAM=[{              }][INCREMENT(n)] [...]
              {  NORMAL  }
```

Durch das Unterkommando HISTOGRAM werden Histogramme produziert. Es benötigt keine weiteren Spezifikationen (wie bei BARCHART), möglich sind aber die Spezifikationen, die für das BARCHART Kommando gelten, und die zwei folgenden:

INCREMENT(n): Gibt die Intervallbreite für die vertikale Achse an.
NORMAL   : Die Kurve der Normalverteilung wird über die eigentliche Kurve gedruckt im Gegensatz zum Standard NONORMAL.

```
HBAR=genau wie bei HISTOGRAM
```

Das HBAR-Unterkommando bewirkt entweder das Drucken eines Histogramms oder eines Säulendiagramms basierend auf der Anzahl der Werte, die bei den Variablen vorkommen. Wenn ein Säulendiagramm für eine Variable auf eine Seite paßt, wird dieses Diagramm gedruckt, andernfalls ein Histogramm. HBAR hat die gleichen Spezifikationen wie HISTOGRAM und BARCHART.

```
STATISTICS=Angabe
```

Folgende Schlüsselwörter spezifizieren das STATISTICS-Unterkommando:
MEAN   : Mittelwert
SEMEAN   : Standardfehler des Mittelwertes
MEDIAN   : Median
MODE   : Modus
STDDEV   : Standardabweichung (der Einzelwerte)
VARIANCE : Varianz
SKEWNESS : Schiefe
KURTOSIS : Exzeß
SESKEW   : Standardfehler der Schiefe
RANGE   : Spannweite
SEKURT   : Standardfehler des Exzeß
MINIMUM   : Minimum
MAXIMUM   : Maximum
SUM   : Summe der Merkmalswerte
DEFAULT   : Mittelwert, Standardabweichung, Min., Max.
ALL   : Alle möglichen statistischen Werte
NONE   : Keine Statistiken

Anmerkung:

Das SPSS^X versteht auch die Syntax des Aufrufs von FREQUENCIES wie bei älteren SPSS-Versionen.

3.3 Descriptive Statistiken, CONDESCRIPTIVE

Die Prozedur CONDESCRIPTIVE berechnet deskriptive statistische Kennwerte für metrische Variablen. Bei allen berechneten Statistiken wird vorausgesetzt, daß die Variablen numerisch codiert sind. Außerdem kann die Datei (active File) um die Z-Werte solcher Variablen angereichert werden. Die Z-Werte haben einen Mittelwert von 0 und eine Standardabweichung von 1 und berechnen sich aus folgender Transformation: $Z = (X-M)/SD$ mit X = Orginalwert, M = Mittelwert und SD = Standardabweichung.

```
CONDESCRIPTIVE Var.name[(Zname)] [Var.name...]
```

Will man nur für einen Teil der Variablen Z-Werte berechnen, so wird der Name der neuen Variablen in Klammern hinter der Variablen angegeben. In diesem Fall darf Option 3 nicht benutzt werden.

Liste der Optionen:

1 : Fehlende Werte werden in die Analyse eingeschlossen.
2 : Unterdrückt Variablenlabel.
3 : Die Z-Werte werden berechnet und dem aktiven File hinzugefügt. Die Namen dieser neuen Variablen werden wie folgt gebildet: Der erste Buchstabe lautet Z, danach folgen die ersten 7 Zeichen des jeweiligen Variablennamens.
4 : Ein Register der Variablen - alphabetisch und in der Reihenfolge der Variablen in der Datei - wird ausgedruckt, das die Seite angibt, auf der die Statistiken zu einer Variablen zu finden sind.
5 : Fehlende Werte werden bei der Berechnung der statistischen Merkmale aller Variablen ausgeschlossen.
6 : Alle statistischen Werte, die zu einer Variablen gehören, werden gedruckt.
7 : Die Breite der Druckausgabe wird auf 80 Spalten begrenzt.

Liste der Statistiken:

1 : Arithmetisches Mittel
2 : Standardfehler des Mittelwertes
5 : Standardabweichung
6 : Varianz
7 : Exzeß
8 : Schiefe
9 : Spannweite
10: Minimum
11: Maximum
12: Summe der Merkmalswerte
13: Mittelwert, Standardabweichung, Minimum, Maximum (dies sind die standardmäßig gedruckten Statistiken)

Es gibt keine Statistiken mit der Nummer 3 und 4, da diese Statistiken, die für den Median und den Modus wie z.B. bei FREQUENCIES reserviert sind, ein aufwendiges Sortieren der Werte voraussetzen, was bei CONDESCRIPTIVE nicht geschieht.

3.4 Kreuztabellen, CROSSTABS

Mit der Prozedur CROSSTABS werden zwei- bis zehndimensionale Häufigkeitsverteilungen (Kreuztabellen) für alphanumerische oder (diskrete) numerische Variablen erzeugt.
Allgemeine Form der CROSSTABS-Karten:

a) Generalmodus (Variablen mit beliebigen Werten, auch alphanumerische sind zugelassen)

```
CROSSTABS [TABLES=] Var.liste BY Var.liste [ BY...]
          [/ Var.liste...]
```

b) Integermodus (Vorteil: kürzere Rechenzeit; Nachteil: nur für ganzzahlige Variablen)

```
CROSSTABS VARIABLES=Var.liste(min,max) [Var.liste ...]
    / TABLES=Var.liste BY Var.liste [BY...] [/Var.liste...]
```

Durch die Anweisung TABLES werden die gewünschten Kreuztabellen angefordert. Die Variablenlisten werden durch das Schlüsselwort BY getrennt. Im einfachsten Fall, in dem zwei Variablenlisten durch BY getrennt sind, wird jede vor BY genannte Variable mit jeder Variablen nach BY kreuztabelliert. Tritt das Schlüsselwort BY mehrmals auf, so werden mehrdimensionale Kreuztabellen erstellt. Weitere Tabellendefinitionen können, durch Schrägstrich getrennt, folgen. Bei ganzzahligen Variablen können durch die zusätzliche Anweisung VARIABLES für die zu verarbeitenden Variablen Wertebereiche angegeben werden. Den Variablen folgen in Klammern eingeschlossen der minimale und der maximale Wert.

Liste der Optionen:

1 : Fehlende Werte werden eingeschlossen.
2 : Variablen-und Wertelabel werden nicht ausgedruckt.
3 : Die Zeilenprozente werden in die Tabellen gedruckt.
4 : Die Spaltenprozente werden in die Tabellen gedruckt.
5 : Die Gesamtprozentsätze werden gedruckt.
6 : Wertelabel werden unterdrückt, Variablenlabel jedoch ausgedruckt.
7 : Fehlende Werte werden in die Tabellen aufgenommen, jedoch nicht in die Berechnung eingeschlossen (nur im Integermodus möglich).
8 : Die Werte der Zeilenvariablen werden, angefangen beim höchsten bis zum niedrigsten, ausgedruckt.
9 : Es wird ein Register ausgedruckt, das alle Tabellen aufführt und für jede Tabelle die Seite angibt, auf der sie beginnt.
10: Die Zellhäufigkeiten und die Werte der Variablen für jede Kombination von nichtfehlenden Werten werden auf einen Output File geschrieben. Notwendig hierfür PROCEDURE OUTPUT.
11: Die Zellhäufigkeiten aller Zellen werden auf einen Output File geschrieben. Notwendig hierfür PROCEDURE OUTPUT.

12: Es werden keine Tabellen gedruckt. Falls das STATISTICS-Kommando benutzt wurde, werden die Statistiken ausgegeben, ohne dieses Kommando wird nichts gedruckt.
13: Die Einteilungslinien in den Kreuztabellen werden unterdrückt.
14: Druckt die im Falle der stochastischen Unabhängigkeit erwarteten Häufigkeiten.
15: Druckt die Residuen aus (Differenz zwischen beobachtetem und erwartetem Wert).
16: Druckt standardisierte Residuen aus.
17: Druckt adjustierte standardisierte Residuen aus.

Liste der Statistiken:

1 : Chiquadrat-Test
2 : Phi-Koeffizient für (2*2)-Tabellen bzw. Cramer's V für größere Tabellen.
3 : Kontingenzkoeffizient
4 : Symmetrisches und asymmetrisches Lambda.
5 : Symmetrischer und asymmetrischer Unsicherheitskoeffizient
6 : Kendall's τ_b
7 : Kendall's τ_c
8 : Gamma (für den Integermodus zusätzlich partielles Gamma und Gamma nullter Ordnung für (2*2)-Tabellen, im Generalmodus nur bedingtes Gamma)
9 : Somer's D, symmetrisch und asymmetrisch
10: Eta (nur für numerische Daten)
11: Pearson'scher Produkt-Moment-Korrelationskoeffizient

4.0 Datenmodifikationen, Datenselektionen

4.1 Beispiel

Das nachfolgende SPSS^X-Programm zeigt beispielhaft, wie der unter 1.1 abgebildete Fragebogen für eine Auswertung mit SPSS^X-Prozeduren aufbereitet werden kann. Im folgenden werden zur Erklärung der Datenmodifikationsbefehle Beispiele angegeben, die teilweise diesem Programm entnommen sind.

Datenmodifikationen können vorgenommen werden, bevor Daten analysiert werden. Wirklich ausgeführt werden die Modifikationen erst dann, wenn die Daten zur Bearbeitung der folgenden Prozedur gelesen werden.

```
//*                  Beispiel 1
// EXEC SPSSX
TITLE     'Statistische Datenanalyse mit dem SPSS-X'
SET LENGTH=NONE WIDTH=80

SUBTITLE 'Beispiel fuer die Aufbereitung eines Fragebogens'
DATA LIST FILE=ROHDATEN/
 GEBMON,ALTER 1-4 GESCHL 5 (A) GROESSE 6-8 BPATAG BPAMON BPAJAHR 9-14
 FB BELEGT1 TO BELEGT3 SEM 15-24 LAUF100M 25-27 (1)
 WEITSPR HOCHSPR 28-33 (2) KSTOSS 34-36 (1)
 DEUTSCH,MATHE,LATEIN,ENGLISCH,FRANZ,SPORT 37-42 RAUCHEN 43-44
 BMITTEL 45 ABSTD,ABMIN,ANSTD,ANMIN 46-53
 BEGR1 TO BEGR4,S01 TO S20 54-77 LFDNR  78-80 (A)

COMMENT ****************************************************************
     * Das ist ein Kommentar - also eine Erlaeuterung innerhalb
     * des Programm-Textes:
     * Der 'DATA LIST' Kontrollbefehl laesst sich auch folgender-
     * massen schreiben:
     * DATA LIST FILE=ROHDATEN/
     *   GEBMON,ALTER,GESCHL,GROESSE,BPATAG,BPAMON,BPAJAHR,FB,
     *   BELEGT1 TO BELEGT3,SEM,LAUF100M,WEITSPR,HOCHSPR,KSTOSS,
     *   DEUTSCH,MATHE,LATEIN,ENGLISCH,FRANZ,SPORT,RAUCHEN,BMITTEL
     *   ABSTD,ABMIN,ANSTD,ANMIN,BEGR1 TO BEGR4,S01 TO S20,LFDNR
     *   (2F2.0,A1,F3.0,8F2.0,F3.1,2F3.2,F3.1,6F1.0,F2.0,
     *    F1.0,4F2.0,4F1.0,20F1.0,A3)
     ****************************************************************
VAR LABELS
  GEBMON    'Geburtsmonsat'
  ALTER     'Alter in Jahren'
  GESCHL    'Geschlecht'
  GROESSE   'Groesse in cm'
  BPATAG    'Verfallsdatum BPA (Tag)'
  BPAMON    'Verfallsdatum BPA (Monat)'
```

```
BPAJAHR    'Verfallsdatum BPA (Jahr)'
FB         'Fachbereichsnummer'
BELEGT1    'Veranstaltung im FB'
BELEGT2    'Veranstaltung im FB'
BELEGT3    'Veranstaltung im FB'
SEM        'Semesteranzahl'
LAUF100M   '100-m-Lauf in Sec'
WEITSPR    'Weitsprung in m'
HOCHSPR    'Hochsprung in m'
KSTOSS     'Kugelstossen in m'
RAUCHEN    'Anzahl Zigaretten pro Tag'
BMITTEL    'Befoerderungsmittel'
ABSTD      'Abfahrt zu Hause (Stunde)'
ABMIN      'Abfahrt zu Hause (Minute)'
ANSTD      'Ankunft am Arbeitsplatz (Stunde)'
ANMIN      'Ankunft am Arbeitsplatz (Minute)'
BEGR1      'erstgenannte Begruendung'
BEGR2      'zweitgenannte Begruendung'
BEGR3      'drittgenannte Begruendung'
BEGR4      'viertgenannte Begruendung'
LFDNR      'Fragebogennummer'

VAR LABELS
S01 'ABERGLAEUBIG'    S02 'WAHRHEIT'         S03 'ALLEIN'
S04 'RUCK'            S05 'KIRCHE'           S06 'RUECKSICHTSLOS'
S07 'FRAUENRAUCHEN'   S08 'ARBEITSDIENST'    S09 'KINDER ESSEN'
S10 'KRISENRAUCHEN'   S11 'ZUKUNFT'          S12 'ARM'
S13 'HUND'            S14 'FAMILIENFRAU'     S15 'ALTMODISCH'
S16 'KOMMUNISMUS'     S17 'POLITIK'          S18 'STRAFE'
S19 'GELEGENHEIT'     S20 'SPORT TREIBEN'

VALUE LABELS   GESCHL 'W' 'weiblich'   'M' 'maennlich'/
  DEUTSCH TO SPORT 1 'sehr gut'     2 'gut'        3 'befriedigend'
                   4 'ausreichend'  5 'mangelhaft' 6 'ungenuegend'/
  BMITTEL          1 'PKW'          2 'Motorrad'   3 'Fahrrad'
                   4 'Oeff.Verkm.'  5 'zu Fuss'/
VALUE LABELS   BEGR1 TO BEGR4
  1 'Auswertung sofort'    6 'Neugier'
  2 'Auswertung spaeter'   7 'Neuheiten des SPSS-x'
  3 'Fuers Examen'         8 'Feinheiten'
  4 'Fuers Berufsleben'    9 'Theorie u. Anwendung'
  5 'weitere Sprache'
VALUE LABELS   FB, BELEGT1 TO BELEGT3
   1 'evan. Theol.'    2 'kath. Theol.'
   3 'Jura'            4 'Wiwi'
   5 'Medizin'         6 'Sowi'
   7 'Philosophie'     8 'Psychologie'
   9 'Paedagogik'     10 'Geschichte'
  11 'Germanistik'    12 'Anglistik'
  13 'Romanmistik'    14 'Alte Sprachen'
  15 'Mathematik'     16 'Physik'
  17 'Chemie'         18 'Biologie'
  19 'Geowiss.'       20 'Sport'
  21 'Deutsch/Didaktik'
  22 'Technik/Didaktik'
  25 'HRZ'
```

Datenmodifikationen, Datenselektionen

```
COMMENT  einige "automatische" Korrekturen unplausibler Antworten:
RECODE
 GEBMON    (LO THRU 0,13 THRU HI=-1) /
 LAUF100M  (LO THRU 10,20 THRU HI=-1) /
 WEITSPR   (LO THRU  1.5,8 THRU HI=-1)/
 KSTOSS    (LO THRU 2,20 THRU HI=-1)/
 HOCHSPR   (LO THRU 0.8,2.2 THRU HI=-1)/
 GROESSE   (LO THRU 100,200 THRU HI=-1)/
 BEGR1 TO S20 (0 = -1)/
 DEUTSCH TO SPORT, S01 TO S20 (LO THRU 0,7 THRU HI=-1)/
 BEGR1 TO BEGR4 (10 THRU HI = -1)

COMPUTE  NOCHTAGE = YRMODA (BPAJAHR,BPAMON,BPATAG) - $JDATE
RECODE   GEBMON (1 THRU 6=1)(7 THRU 12=2) INTO HALBJAHR

COMPUTE  WEGDAUER = (60*ANSTD + ANMIN) - (60*ABSTD + ABMIN)
COMMENT falls jemand ueber Mitternacht faehrt:
IF (WEGDAUER LE 0) WEGDAUER = WEGDAUER + 1440

COUNT    RADIKAL=S01 TO S20 (1,2,5,6) S01 TO S20 (1,6)
COMPUTE  RADIKAL=RADIKAL/40
COMPUTE  DNOTE = MEAN(DEUTSCH  TO   SPORT)

VAR LABELS
 NOCHTAGE 'Gueltigkeit des BPA ab heute in Tagen'
 HALBJAHR 'Ob in der 1. oder 2. Jahreshaelfte geboren'
 WEGDAUER 'Dienstweg in Minuten'
 RADIKAL  'Neigung, extreme Antworten zu geben'
 DNOTE 'Durchschnittsnote'
VALUE LABELS HALBJAHR 1 'erstes' 2   'zweites'

MISSING VALUES GEBMON ALTER,GROESSE TO S20 (-1)

PRINT FORMATS  DNOTE RADIKAL(F5.2)

SUBTITLE 'Haeufigkeitsauszaehlungen mit FREQUENCIES'
FREQUENCIES VARIABLES=GESCHL DEUTSCH MATHE/
 HISTOGRAM=NORMAL/STATISTICS=ALL

SUBTITLE 'Mittelwerte usw. mit CONDESCRIPTIVE'
CONDESCRIPTIVE LAUF100M TO KSTOSS

COMMENT Fuer die Kreuztabellen Ausdruck von 120 Zeichen pro Zeile:
SET WIDTH=120

SUBTITLE 'Kreuztabellen mit CROSSTABS'
CROSSTABS  TABLES=GESCHL BY DEUTSCH MATHE
STATISTICS 1
OPTIONS 3,4,9,14

COMMENT Speicherung der Daten und Dateiinformationen auf
  SPSS-X System-file:

SAVE OUTFILE=SFILE
```

```
FINISH
//ROHDATEN DD DSN=URZ27.KURS,DISP=SHR
//SFILE DD DSN=URZ27.SKURS,DISP=SHR
//*              Ende Beispiel 1
```

Beispiel 1: Beispiel für die Auswertung des Fragebogens

4.2 Rekodierung mit RECODE und AUTORECODE

Der RECODE-Befehl ermöglicht es auf einfache Weise, Werte numerischer oder alphanumerischer Variablen durch 'neue' Werte zu ersetzen. Insbesondere können kontinuierliche Variablen in diskrete und alphanumerische in numerische recodiert werden.

Allgemeiner Aufbau der RECODE-Karte

für numerische Variablen:

```
RECODE Var.liste (Werteliste=neuer Wert)...
                 (Werteliste=neuer Wert)
        [INTO Var.liste] [/Var.liste...]
```

für alphanumerische Variablen:

```
RECODE Var.liste('Zeichenkette' ['Zeichenk.'...]='Zeichenk.')...
                 ('Zeichenkette'...)
        [INTO Var.liste] [/Var.liste...]
```

Es können folgende Schlüsselwörter beim Recodieren benutzt werden:

THRU : Will man eine Folge numerischer Werte in einen einzelnen Wert umwandeln, so kann das Schlüsselwort THRU zwischen den ersten und letzten Wert gesetzt werden. Sind der kleinste bzw. der größte Wert einer num. Variablen nicht bekannt, so können sie auf der RECODE-Karte durch die Schlüsselwörter LO(LOWEST) bzw. HI(HIGHEST) substituiert werden.
Beispiel:

```
RECODE LAUF100M(LO THRU 10,20 THRU HI=-1)
```

Es ist zu beachten, daß der RECODE-Befehl von links nach rechts ausgeführt und sobald eine Recodierung vorgenommen wurde, verlassen wird. In dem folgendem Beispiel würde X, falls X den Wert 10 hat, zu 1 kodiert, weil diese Recodierung zuerst auftritt:

```
RECODE X ( LO THRU 10=1) (10 THRU 20=2)
```

ELSE : Um Werte, die vorher nicht genannt wurden, in einen einzigen Wert zu recodieren, kann das Schlüsselwort ELSE gebraucht werden. ELSE muß demnach die letzte Spezifikation für die Variable sein, da sonst alle folgenden Wertespezifikationen der Variable ignoriert werden.

Beispiel:

```
RECODE GESCHL ('M'='M') ('W'='W') (ELSE='W')
```

oder gleichwertig

```
RECODE GESCHL ('M'='M') (ELSE='W')
```

INTO : Mit dem Schlüsselwort INTO können die recodierten Werte einer (neuen) Variablen zugeordnet werden, wobei die Werte der alten Variablen im Original erhalten bleiben. Man kann Werte für mehrere Variablen in einem Kommando angeben, wobei die Anzahl der neuen Variablen mit der Anzahl der alten Variablen übereinstimmen muß. Die Zielvariable kann eine bereits vorhandene Variable (Werte, die nicht genannt werden, bleiben unverändert) oder eine neu geschaffene sein. Beim Recodieren einer alphanumerischen Variablen muß die Zielvariable bereits als alphanumerische Variable definiert worden sein.
Beispiel:

```
RECODE GESCHL ('M'=1) ('W'=2) INTO NGESCHL
```

COPY : Mit dem Schlüsselwort COPY werden die Werte der Variablen unverändert kopiert. Copy ist eine Output-Spezifikationn, d.h. es muß rechts vom Gleichheitszeichen stehen. Die Input-Werte, auf die sich COPY bezieht, können ein Wertebereich, die Schlüsselwörter MISSING oder SYSMIS oder das Schlüsselwort ELSE sein. Vom Benutzer definierte missing values werden als Werte kopiert (Datenmatrix), die Zielvariable erhält nicht automatisch eine MISSING VALUES-Deklaration (Dictionary). System-Missing-Values werden in System-Missing-Values kopiert.
Beispiel:

```
RECODE X (1 THRU 10=1) (ELSE=COPY)
```

In dem Beispiel werden alle Werte der Variablen X außerhalb des Intervalls von 1 bis 10 kopiert.

SYSMIS, MISSING:
Mit den Schlüsselwörtern MISSING und SYSMIS können fehlende Werte einer Variablen recodiert werden. Missing kann nur als Input-Wert (d.h. links vom Gleichheitszeichen) angegeben werden und bezieht sich auf alle fehlende Werte, d.h. auch auf System-Missing Values. Das Schlüsselwort SYSMIS kann Input- oder Output-Wert sein und bezieht sich nur auf System-Missing Values. Als Output-Wert Spezifikation recodiert SYSMIS alle Werte auf der linken Seite des Gleichheitszeichens in den System-Missing Wert.

Beispiel:

```
RECODE X (MISSING=SYSMIS)
```

Das obige Kommando bewirkt, daß alle fehlenden Werte der Variablen X in den System-Missing Wert recodiert werden.

CONVERT:
Sollen Zahlen als Zeichen in Zahlen mit numerischer Bedeutung umgewandelt werden, so kann das Schlüsselwort CONVERT auf der RECODE-Karte gebraucht werden.

Beispiel:

```
RECODE LFDNR (CONVERT) (ELSE=-1) INTO NR
```

Da die Variable LFDNR als alphanumerische Variable definiert war, werden die laufenden Nummern als Zeichen in Zahlen, mit denen man rechnen kann, recodiert und der Variable NR zugewiesen.

AUTORECODE

Allgemeiner Aufbau der AUTORECODE-Prozedur

```
AUTORECODE VARIABLES=Var.liste /
           INTO = Var.liste
           [/PRINT] [/DESCENDING]
```

Eine spezielle Recodierung wird von der Prozedur AUTORECODE durchgeführt; erzeugt wird dabei eine numerische Variable mit ganzzahligen Ausprägungen. Die gültigen numerischen bzw. alphanumerischen Ausprägungen der Ursprungsvariablen werden gemäß der numerischen bzw. lexikografischen Sortierfolge aufsteigend (oder bei Spezifikation DESCENDING absteigend) lückenlos angeordnet. Erzielt wird also eine Rangordnung der vorkommenden (non-missing) Ausprägungen - bei Mehrfachbelegungen ist dies nicht die Rangordnung der Beobachtungen. Mit dieser neu erzeugten Variablen lassen sich Prozeduren im Ganzzahlmodus aufrufen.

Die neue Variable erhält automatisch Label und evtl. MISSING VALUES-Deklarationen: Als Label dienen die Werte oder, falls vorhanden, deren Label; missing values werden in "hohe" Werte kodiert, und diese werden als missing values erklärt.

Das Unterkommando PRINT erzeugt ein Protokoll der Konvertierungstabelle in der Druckausgabe.

4.3 Zuweisung und Berechnungen mit COMPUTE

Der Zuweisungsbefehl COMPUTE dient dazu, für jede Beobachtung aus den bereits vorhandenen Werten einen neuen Wert zu berechnen und diesen in einer (evtl. neu zu schaffenden) Variablen niederzulegen.

```
COMPUTE Ergebnisvariable=arithmetischer Ausdruck
```

Datenmodifikationen, Datenselektionen

Für jeden Fall der Datei wird der arithmetische Ausdruck berechnet und der berechnete Wert der Ergebnisvariablen zugewiesen. Die Ergebnisvariable ist eine neue Variable oder eine bereits vorhandene. Im letzten Fall wird deren Wert überschrieben.
Beispiel:

```
COMPUTE RADIKAL=RADIKAL/40
```

Arithmetische Ausdrücke setzen sich zusammen aus numerischen Konstanten, definierten Variablen, arithmetischen Operationen, mathematischen Funktionen und Klammern. Es gibt folgende arithmetische Operatoren: + (Addition), − (Vorzeichen, Subtraktion), * (Multiplikation), / (Division), ** (Exponentiation). Bei der Bildung von arithmetischen Ausdrücken gelten die üblichen Prioritäten: Funktionen vor ** vor *, / vor +, −, Klammern können bei der Verkettung von Operationen verwendet werden.
Verfügbare mathematische Funktionen sind u.a.:

SQRT	(Quadratwurzel)
ABS	(Absolutwert)
RND	(Gerundeter Wert auf eine ganze Zahl)
TRUNC	(Abschneiden der Nachkommastellen)
MOD	(Rest einer Division durch eine ganze Zahl)
LG10	(Logarithmus zur Basis 10)
LN	(Natürlicher Logarithmus)
ARSIN	(Arcussinus)
ARTAN	(Arcustangens)
SIN	(Sinus)
COS	(Cosinus)
EXP	(Exponentialfunktion)
UNIFORM	(Pseudozufallszahlen, gleichverteilt)
NORMAL	(Pseudozufallszahlen, normalverteilt)
SUM	(Summe der Werte)
MEAN	(Mittelwert)
SD	(Standardabweichung)
VARIANCE	(Varianz)
MIN	(Minimum)
MAX	(Maximum)
YRMODA	

YRMODA(j,m,t) transformiert die Parameter j = Jahr, m = Monat, t = Tag in eine Tagesnummer (= Anzahl der Tage seit dem 14.10.1582). Dem 15.Oktober 1582 wird dabei eine 1 zugewiesen.
Um die Anzahl der Tage zwischen zwei Daten zu bestimmen, kann man die Funktion YRMODA mit beiden Datumangaben aufrufen und die Differenz bilden. Die Systemvariable $JDATE gibt die Nummer des aktuellen Datums an. In dem folgenden Beispiel wird die Anzahl der Tage bestimmt, die ein Personalausweis bis zum aktuellem Tagesdatum noch gültig ist:

```
COMPUTE NOCHTAGE=YRMODA(BPAJAHR,BPAMON,BPATAG)-$JDATE
```

LAG
LAG(Variable,n) gibt den Wert des n-ten Falles vor dem aktuellen Fall an. Für die ersten n Fälle gibt LAG den System-Missing-Wert wieder. Falls Fälle z.B. durch SELECT IF ausgewählt wurden, wird durch LAG der Wert des n-ten selektierten Falles vor dem laufenden Fall angegeben.

4.4 Bedingte Zuweisung mit IF

Das IF-Kommando ist ein bedingter COMPUTE-Befehl, der nur dann ausgeführt wird, falls ein logischer Ausdruck wahr ist.

```
IF (log.Ausdruck) Ergebnisvar.=arithm.Ausdruck
```

Der logische Ausdruck wird für jeden Fall der Datei geprüft. Falls dieser Ausdruck wahr ist, wird die nachfolgende Zuweisung ausgeführt. Für die Zuweisung gelten die gleichen Konventionen wie für die COMPUTE-Karte. Ein logischer Ausdruck erhält den Wert 1, wenn der Ausdruck wahr ist, 0 wenn er falsch ist und den System-Missing-Wert, falls ein fehlender Wert vorliegt. Die Zielvariable bekommt den System-Missing-Wert, wenn eine im arithmetischen Ausdruck enthaltene Variable einen missing value hat, oder behält ihren Wert (evtl. SYSMIS), wenn der logische Ausdruck den System-Missing-Wert hat.
Ein logischer Ausdruck, bei dem Werte von Variablen verglichen werden, besteht aus ein oder mehreren Relationen, eine Relation wiederum aus zwei durch einen Vergleichsoperator verbundenen arithmetischen Ausdrücken.
Es gibt folgende Vergleichsoperatoren:

Symbol		für	Relation
>	GT	GREATER THAN	>
>=	GE	GREATER OR EQUAL	≥
<	LT	LESS THAN	<
<=	LE	LESS OR EQUAL	≤
=	EQ	EQUAL	=
¬=	NE	NOT EQUAL	≠

Besteht ein logischer Ausdruck aus mehreren Relationen, so können diese durch die Operatoren AND (&) und OR (|) verbunden werden.
AND, & : Der resultierende logische Ausdruck ist wahr, wenn die den Operator einschließenden Relationen wahr sind.
OR, | : Der resultierende Ausdruck ist wahr, wenn wenigstens eine Relation wahr ist.

Mit NOT oder ¬ können logische Ausdrücke negiert werden.
Die Reihenfolge der Ausführung eines logischen Ausdrucks unterliegt folgender Regel: Funktionen und arithmetische Ausdrücke werden zuerst ausgeführt, dann Vergleichsoperatoren, dann NOT, dann AND und dann OR. Zur Verdeutlichung dieser Reihenfolge oder zur Abweichung von dieser Reihenfolge dürfen in einem Ausdruck Klammern gesetzt werden.

```
IF (WEGDAUER LE 0) WEGDAUER=WEGDAUER+1440
```

4.5 Zählen innerhalb eines Falles mit COUNT

Mit dem COUNT-Kommando wird eine numerische Zielvariable geschaffen, die für jeden Fall das Vorkommen von Werten innerhalb einer Liste von numerischen oder alphanumerischen Variablen zählt.

```
COUNT Zielvar.=Var.liste (Werteliste)...
              [/Var.name=...]
```

Datenmodifikationen, Datenselektionen

Beispiel:

```
COUNT RADIKAL=S01 TO S20 (1 2 5 6) S01 TO S20 (1 6)
```

Die möglichen Ausprägungen der Variablen erstrecken sich von Null (nie eine der Antworten 1, 2, 5, 6) bis 40 (stets nur extreme Antworten 1 oder 6).
Wie bei der RECODE-Karte können bei der COUNT-Karte auch die Schlüsselwörter LO, HI, THRU bei der Werteliste und das Schlüsselwort TO bei der Variablenliste benutzt werden.

4.6 Temporäre Modifikationen mit TEMPORARY

Sollen Modifikationen nur für die nächstfolgende Prozedur und nicht für alle nachfolgenden Prozeduren vorgenommen werden, so kann das Kommando TEMPORARY vor die Modifikationsbefehle gesetzt werden. Sämtliche nachfolgenden Modifikationen sind temporär, d.h. sie wirken nur auf die nächste Prozedur.
Beispiel:

```
TEMPORARY
SELECT IF (LFDNR EQ '013')
LIST     /* LIST ist eine Prozedur
```

4.7 EXECUTE

Kommandos wie ADD FILES, MATCH FILES, PRINT und WRITE sind keine Prozeduren und werden deshalb nur ausgeführt, wenn ihnen eine Prozedur folgt. Aus diesem Grunde kennt SPSS^X die Prozedur EXECUTE, die nur bewirkt, daß die Daten der Datei einmal durchlaufen werden. Das EXECUTE- Kommando hat keine weiteren Unterkommandos oder Spezifikationen.

4.8 Ausgabe auf Output File mit WRITE

Mit Hilfe von WRITE können die in einem SPSS^X-Systemfile enthaltenen Daten auf einen Output File geschrieben werden.

```
WRITE [OUTFILE=Datei]/Var.liste[(Formatliste)]
      [Var.liste...]
```

Das Unterkommando OUTFILE spezifiziert die Datei, auf die geschrieben werden soll. Ohne diese Angabe werden die Daten auf den Display File geschrieben. In der Variablenliste werden die Variablen angegeben, für die die Werte aller Fälle gedruckt werden sollen. Hinter den Variablen können noch Angaben über das Format, mit dem die Werte ausgedruckt werden, gemacht werden. Fehlt die Angabe einer Formatliste, so werden die Variablen mit dem aus dem DATA-LIST-Kommando ersichtlichen Format (Input-Format) ausgedruckt.

4.9 WRITE FORMATS

Mit dem Kommando WRITE FORMATS kann das Format der Variablen, die auf dem WRITE-Kommando genannt wurden, geändert werden.

```
WRITE FORMATS Var.liste (Format) [Var.liste...]
```

Formateingabe wie bei PRINT FORMATS (Siehe 4.11)

4.10 Drucken mit PRINT

Mit dem PRINT-Kommando können die Werte der Variablen der aktuellen Datei ausgedruckt werden. Sobald die Daten beim Ablauf einer Prozedur oder durch das Kommando EXECUTE gelesen werden, werden sie auf die Ausgabedatei gedruckt, sie erscheinen daher vor dem Ausdruck der nächsten Prozedur.

Aufbau eines einfachen PRINT-Kommandos:

```
PRINT [OUTFILE=Datei]/ Var.liste [(Format)]
      [Var.liste...]
```

Es werden jeweils die Werte der in der Variablenliste angegebenen Variablen ausgedruckt. Hinter den Variablen kann ein Format angegeben werden, mit dem die Variablen ausgedruckt werden sollen. Will man die Ergebnisse nicht auf die Standardausgabedatei (display file) schreiben, so kann mit dem OUTFILE-Unterkommando eine andere Datei angegeben werden. Der Output des Kommandos PRINT erscheint aber nur in Zusammenhang mit der nachfolgenden Prozedur oder mit dem Kommando EXECUTE.

Das Kommando PRINT ist vorzuziehen, wenn eine Liste (etwa am Schnelldrucker oder am Bildschirm) erstellt werden soll; zum Erzeugen einer maschinenlesbaren Datei wird man das Kommando WRITE vorziehen.

4.11 PRINT FORMATS

Mit dem Kommando PRINT FORMATS können Formatangaben für zuvor neugeschaffene Variablen gemacht werden und neue Formate für alte Variablen angegeben werden.

```
PRINT FORMATS Var.liste(Format) [/Var.liste...]
```

Die Formatangaben auf der PRINT FORMATS-Karte gelten für die Durchführung des gesamten Laufs. Beispiel:

```
PRINT FORMATS DNOTE RADIKAL(F5.2)
```

Die Formatangabe F5.2 im obigem Beispiel besagt, daß die Variablen DNOTE bzw. RADIKAL beim Ausdruck mit fünf Druckzeichen, davon zwei hinter dem Dezimalpunkt, gedruckt werden. Weitere mögliche Formatcodes sind: COMMA, DOLLAR, Z und A.

4.12 Auflisten mit LIST

Die Prozedur LIST listet die Werte einer Variablen (oder einer Variablenliste) für alle Fälle der aktuellen Datei auf.

```
                { ALL        }
LIST [VARIABLES={            }]
                { Var.liste  }
```

Wird das Kommando LIST ohne Spezifikationen gebraucht, so werden alle permanenten und temporären numerischen und alphanumerischen Variablen der Datei ausgegeben. Wird das Schlüsselwort VARIABLES verwendet, so werden für jeden Fall nur die durch die Variablenliste genannten Variablen berücksichtigt. Eine Auswahl bestimmter Fälle kann durch vorhergehende Verwendung von SELECT IF erfolgen.

4.13 Auswahl von Fällen mit SELECT IF

Das SELECT IF-Kommando wählt Fälle für einen $SPSS^X$-Lauf aufgrund eines logischen Kriteriums aus.

```
SELECT IF [(]logischer Ausdruck[)]
```

Der logische Ausdruck kann nach den gleichen Regeln gebildet werden wie beim IF-Kommando beschrieben.
Mit dem nachfolgendem Beispiel sollte jeder Teilnehmer des Kurses seine Daten kontrollieren, um eventuelle Ablochfehler festzustellen. Der Teilnehmer mit '013' als LFDNR-Angabe wird also folgenden Programmausschnitt programmieren.

```
TEMPORARY
SELECT IF (LFDNR EQ '013')
LIST        /* LIST ist eine Prozedur */
```

4.14 Spezifikation fehlender Werte mit MISSING VALUES

Beim Erfassen der Daten tritt häufig der Fall ein, daß zu Variablen einige Daten fehlen, da jemand auf eine Frage nicht antworten will, die Antworten nicht auf ihn zutreffen oder er nicht antworten kann. Man kann sich dann auf bestimmte Ablochungen festlegen, so daß später eine Identifizierung dieser Fälle möglich ist. Auf der MISSING VALUES-Karte sind solche Festlegungen anzugeben.

```
MISSING VALUES Var.liste(Werteliste)[/Var.liste...]
```

Hinter der Variablenliste können bis zu drei Werte vorkommen, d.h. entweder drei Werte oder ein Intervall (lo,hi) und ein Wert. Dies hat den Vorteil, daß zwischen den Gründen für eine fehlende Angabe feiner unterschieden werden kann, z.B. bei einem Fragebogen: 0 entspricht Antwort verweigert, -1 keine Antwort gewußt.

Beispiel:

```
MISSING VALUES GEBMON ALTER GROESSE TO S20 (-1)
```

User-Missing-Values, die auf dem MISSING-VALUE-Kommando definiert werden, sind von dem System-Missing-Value zu unterscheiden. Eine Variable erhält dann den System-Missing-Wert, wenn ein Datenwert nicht den spezifizierten Typ hat, wenn ein numerisches Feld nur mit Leerstellen aufgefüllt wurde, wenn ein Wert, der aus Datentransformationen resultiert, undefiniert ist oder wenn nie ein Wert zugewiesen wurde.

Zum besseren Verständnis sei an dieser Stelle auf die Programmlogik des SPSS^X eingegangen:

Eine spezielle, vom Rechnertyp abhängige Codierung wird vom SPSS^X als System-Missing-Wert betrachtet. Mit dem Kommando SHOW ALL oder speziell SHOW SYSMIS kann man sich diesen numerischen Wert anzeigen lassen. Variablenausprägungen mit diesem Wert werden vom SPSS^X als System-Missing betrachtet (und z.B. als "." ausgedruckt). Bei Transformationen stehen die Funktion SYSMIS und die Konstante $SYSMIS zur Verfügung, bei den Kommados COUNT und RECODE kann das Schlüsselwort SYSMIS benutzt werden. Hat eine Variable die Ausprägung System Missing, so ist in der Datenmatrix also der spezielle Wert System Missing abgespeichert.

Im Gegensatz dazu ist ein benutzerdefinierter MISSING VALUE in der Datenmatrix nicht besonders gekennzeichnet - er ist dort als ganz gewöhnlicher Wert gespeichert. Die Wirkung des MISSING VALUES-Kommandos zeigt sich nicht in der Datenmatrix, sondern im Informationsteil (Dictionary) des active file. Dies hat den Vorteil, daß bei einer Änderung von MISSING VALUES keine Änderungen in der Datenmatrix erfolgen müssen. Damit wird verständlich, daß die Wirkung des MISSING VALUES-Kommandos sofort wirksam wird; die Wirkung einer Transformation zeigt sich erst bei Abarbeitung während der nächsten Prozedur. Wir verdeutlichen dies an einem konstruierten Beispielprogramm; insbesondere Anwender von Programmiersprachen mögen auf die Reihenfolge der Zeilen achten:

```
DATA LIST FILE=INLINE / X 1-1
LIST      /* LIST ist eine Prozedur
BEGIN DATA
8

9
END DATA
MISSING VALUES X (8)
RECODE X (MISSING=-999)
MISSING VALUES X (9)
PRINT FORMAT X (F5.0)
LIST      /* LIST ist eine Prozedur
```

Die erste Prozedur LIST listet die X-Werte der 3 Fälle auf: 8, . (für SYSMIS), 9. In den Modifikationen vor der 2. Prozedur wird zunächst der Wert 8 als missing value für X erklärt. Sodann wird diese Aktion überschrieben: der Wert 9 wird als einziger missing value für X erklärt. Beim Datendurchlauf zur Prozedur wird recodiert: 8 bleibt erhalten, SYSMIS wird zu -999, 9 wird als MISSING VALUE zu -999. LIST listet also für X die Werte 8, -999, -999.

4.15 Programmierstrukturen DO REPEAT, DO IF, ELSE, ELSE IF

Wenn man eine größere Zahl von Variablen nach dem gleichem Schema definieren oder recodieren will, kann dieses durch DO REPEAT auf die Definition nur einer Variablen reduziert werden.

```
DO REPEAT Laufvar.=Var.liste [/Laufvar.=...]
Modifikation(en)
END REPEAT [PRINT]
```

Als Modifikationen können z.B. RECODE oder COMPUTE Befehle angegeben werden.

Datenmodifikationen, Datenselektionen

Durch die Angabe PRINT werden alle Befehle gedruckt, die SPSS^X aus einer Anweisung gemacht hat. Falls auf einer DO REPEAT-Karte mehrere Variablenlisten angegeben werden, müssen diese die gleiche Anzahl von Variablen besitzen, da SPSS^X die Listen parallel durchläuft.

Beispiel:

```
DO REPEAT S=S01 TO S20
COMPUTE S=S/6
END REPEAT PRINT
```

SPSS^X macht aus obigem Beispiel 20 aufeinanderfolgende COMPUTE-Befehle, die durch die Anweisung PRINT ausgedruckt werden könnten.

Das Kommando DO IF wird gebraucht, um ein oder mehrere Datenrecodierungen bzw. Datentransformationen in Abhängigkeit von logischen Ausdrücken ausführen zu lassen, z.B.:

```
DO IF (N GT 0)
COMPUTE ANZAHL=ANZAHL+1
COMPUTE DNOTE=DNOTE+NOTE
ELSE
COMPUTE FEHLT=FEHLT+1
END IF
```

Mit ELSE können Anweisungen angegeben werden, die ausgeführt werden, falls der logische Ausdruck nach dem DO IF-Kommando nicht wahr ist. ELSE kann aber auch entfallen, so daß keine Anweisung ausgeführt wird. Ebenso kann

```
ELSE IF (log.Ausdruck)
```

angegeben werden, falls mehrere Anweisungen unter mehr als einer Bedingung ausgeführt werden sollen.

4.16 Sortieren der Fälle, SORT CASES

Bei manchen SPSS^X-Prozeduren wie z.B. REPORT wird eine bestimmte Reihenfolge der Fälle benötigt. Durch SORT CASES wird eine Datei mit einer gewissen Sortierreihenfolge der Fälle erzeugt. Die Umordnung richtet sich nach den Werten der Variablen, die nach dem optionalen Schlüsselwort BY auf der SORT CASES-Karte angegeben wird.

```
                    { (A) }
SORT CASES [BY] Var.liste[({     })] [Var.liste...]
                    { (D) }
```

Es wird in aufsteigender Reihenfolge (Fälle mit dem kleinsten Wert der Sortiervariablen werden an den Anfang der Datei gestellt) sortiert, wenn (A) angegeben ist, und in absteigender Reihenfolge, wenn (D) angegeben ist. Bei der Anordnung nach aufsteigenden Werten kann das Symbol '(A)' entfallen.

Werden mehrere Sortiervariablen angegeben, so wird zunächst nach der 1.Variablen sortiert, falls bei zwei oder mehreren Fällen die Werte gleich sind, wird nach der 2.Variablen sortiert u.s.w.
Beispiel:

```
SORT CASES BY GESCHL(A) ALTER(D)
```

In diesem Beispiel wird nach dem Geschlecht in aufsteigender und innerhalb des Geschlechtes nach dem Alter in absteigender Reihenfolge sortiert.
Bei einer Sortierung nach alphanumerischen Variablen mag die Anordnung von der speziellen Codierung an der betreffenden Datenverarbeitungsanlage abhängen (z.B. Kleinbuchstaben vor Großbuchstaben).

4.17 LEAVE

Normalerweise reinitialisiert SPSS^X eine numerische oder alphanumerische Variable jedesmal, wenn ein neuer Fall gelesen wird. Variablen, die auf dem LEAVE-Kommando angegeben werden, behalten den Wert der vorausgegangenen Beobachtung für die nachfolgende Beobachtung bei. Numerische Variablen, die auf dem LEAVE-Kommando spezifiziert werden, erhalten als Initialisierung für den ersten Fall den Wert 0, alphanumerische Variablen die leere Zeichenkette.

Beispiel:

```
LEAVE MERKE
DO IF (LFDNR=' ')
COMPUTE MERKE=MERKE-1
COMPUTE NR=MERKE
END IF
```

In diesem Beispiel wird bei Fällen, bei denen keine laufende Nummer (Fragebogennummer) angegeben wurde, das Leerzeichen in eine negative Zahl recodiert. Das LEAVE-Kommando bewirkt, daß bei dem 1.Fall mit LFDNR=' ' die Variable MERKE und somit NR den Wert -1, beim 2.Fall den Wert -2 usw. erhält.

4.18 Temporäre Variable und System Variable

SPSS^X gestattet die Verwendung temporärer Variablen; dies sind Variablen, die zwischen den einzelnen Prozeduren als Zwischenspeicher benutzt werden können, aber dennoch nicht Bestand des active file werden. Temporäre Variablen (scratch variables) sind am Anfangsbuchstaben # erkenntlich, auf sie wirkt automatisch das LEAVE-Kommando. Der letzte Programmausschnitt kann also auch wie folgt realisiert werden:

```
DO IF (LFDNR=' ')
COMPUTE #MERKE=#MERKE-1
COMPUTE NR=#MERKE
END IF
```

Datenmodifikationen, Datenselektionen

Außerdem stehen bei der Programmierung der Transformation vom SPSS^X-System bereitgestellte "System Variable" zur Verfügung: Die laufende Nummer $CASENUM einer Beobachtung, die aktuelle Datumsangabe $TIME in Sekunden und $JDATE in Tagen und $DATE als Zeichenkette, das Seitenformat $LENGTH, $WIDTH des display files und der System-Missing-Wert $SYSMIS. (Diese Angaben werden durch SHOW ALL angezeigt.)

4.19 Deklarationen STRING, NUMERIC

Eine Stringvariable muß deklariert sein, bevor sie als Zielvariable bei Datentransformationen gebraucht werden kann. Dieses geschieht mit dem STRING-Kommando.

```
STRING Var.liste (An)[/Var.liste...]
```

Dem Kommando STRING folgen die Variablenliste und das Format der Variablen, welches für die Stringvariablen die Zahl der Zeichen angibt.

Beispiel:

```
STRING MONAT (A10)
RECODE GEBMON (1='JANUAR') (2='FEBRUAR') (3='MAERZ')
    (4='APRIL') (5='MAI') (6='JUNI') (7='JULI')
    (8='AUGUST') (9='SEPTEMBER') (10='OKTOBER')
    (11='NOVEMBER') (12='DEZEMBER') INTO MONAT
```

In diesem Beispiel wird die Variable MONAT als Stringvariable mit einer Länge von 10 Zeichen definiert und die Werte der numerischen Variablen GEBMON werden in eine Stringvariable recodiert.

Wenn auf eine numerische Variable Bezug genommen wird, bevor sie durch eine Transformation geschaffen wird (z.B. bei LEAVE MERKE), so muß man sie erst deklarieren. Mit dem NUMERIC-Kommando können neue numerische Variablen deklariert werden. Zum Beispiel hätte in dem Beispiel in 4.17 vor LEAVE MERKE ein NUMERIC MERKE stehen müssen, wenn die Variable MERKE vorher noch nicht bekannt gewesen ist.

4.20 Zufallsauswahl mit SAMPLE

Mit dem Kommando SAMPLE kann aus der Gesamtheit der Fälle einer Datei eine zufällige Teilstichprobe ausgewählt werden. Es wird ein Wert zwischen 0 und 1 spezifiziert, der die Wahrscheinlichkeit angibt, mit der ein Fall aus der Gesamtheit der Fälle ausgewählt wird, z.B.

```
SAMPLE 0.5
```

In diesem Beispiel werden näherungsweise 50% der Fälle aus der Datei ausgewählt.
Falls man die exakte Zahl der Fälle der Datei kennt, kann man die genaue Zahl der Fälle, die die Stichprobe bilden sollen, fest vorgeben, z.B.

```
SAMPLE 60 FROM 200
```

In diesem Beispiel werden von den (ersten) 200 Beobachtungen des active file genau 60 Fälle ausgewählt.

4.21 N OF CASES

Durch das Kommando N OF CASES kann die Zahl der Fälle, für die ein Auftrag durchgeführt werden soll, begrenzt werden. Es werden jeweils nur die ersten n Fälle von der Datei gelesen, falls n spezifiziert wurde. Dieses Kommando muß vor der ersten Prozedur stehen, es kann auch nicht als temporäre Modifikation wirken.
Beispiel:

```
N OF CASES 100
```

In diesem Beispiel würden die ersten 100 Fälle der Datei genommen, falls diese z.B. 500 Fälle enthält.

4.22 Faktorielle Gewichtung mit WEIGHT

Mit dem Kommando WEIGHT können Fälle einer Datei gewichtet werden. Die Gewichtung von Fällen kann z.B. zum Ausgleich einer verzerrten Stichprobenziehung dienen. Auf dem WEIGHT-Kommando wird nach dem Schlüsselwort BY eine Variable angegeben. Jeder Fall der Datei wird mit dem Wert dieser Variablen gewichtet.

```
WEIGHT BY Variablenname
```

Es kann nur eine numerische Variable spezifiziert werden, deren Werte aber nicht notwendig ganzzahlig sein müssen. Fehlende Werte oder negative Werte werden als Null betrachtet. Alle statistischen Verfahren können mit gewichteten Daten gerechnet werden. Falls bereits eine Tabelle vorliegt und man noch zusätzliche Statistiken wie z.B. Chiquadrat-Werte und deren Signifikanzen berechnen möchte, so lassen sich durch die Eingabe der Häufigkeiten der Tabellen als Gewicht weitere Berechnungen an der Tabelle durchführen. In diesem Fall kann eine Datei definiert werden, die zusammen mit den Werten der Spalten- und Zeilenvariablen für jede Zelle der Tabelle (jede Zelle wird als ein Fall betrachtet) die Zellhäufigkeiten beinhaltet. Mit dem Kommando WEIGHT wird jeder Fall entsprechend den Zellhäufigkeiten gewichtet und mit der Prozedur CROSSTABS werden die jeweiligen Statistiken angefordert.
In dem folgenden Beispiel werden alle Fälle mit der Variable ANZAHL, die die Werte in den Zellen der Tabelle angibt, gewichtet, die angegebene Tabelle wird als Kreuztabelle ausgedruckt, und es wird ein Chiquadrat-Test (STATISTICS 1) durchgeführt.

Datenmodifikationen, Datenselektionen

Beispiel für die Anwendung von WEIGHT bei CROSSTABS:

```
TITLE 'Trickreiche Anwendung von WEIGHT bei CROSSTABS'
COMMENT Einlesen der Haeufigkeiten in der Tabelle und
 Berechnung der Statistiken mit CROSSTABS

DATA LIST /
 ZEILE SPALTE ANZAHL   1-6

WEIGHT BY ANZAHL

CROSSTABS TABLES=ZEILE BY SPALTE
OPTIONS 3,4,14
STATISTICS 1

BEGIN DATA
 1 1 10
 1 2 18
 2 1 17
 2 2 31
 3 1 11
 3 2 27
END DATA
```

5.0 Einfache Statistikprozeduren, Teil II

5.1 Mehrfachantworten, MULT RESPONSE

Die Prozedur MULT RESPONSE kann Mehrfach-Antwort-Fragen auszählen und stellt die Ergebnisse in Häufigkeitstabellen oder Kreuztabellen dar.
Eine Mehrfach-Antwort-Frage ist eine Frage, auf die die Befragten mit mehr als einer Antwort reagieren können.
Beispiele für solche Fragen sind (vgl. 1.1):
Welche Gründe haben Sie zum Besuch der Veranstaltung SPSS^X bewogen?
In welchen Fachbereichen belegen Sie in diesem Semester Veranstaltungen?
Damit derartige Fragen mit MULT RESPONSE ausgewertet werden können, müssen sie mit einer der beiden folgenden Methoden codiert werden:
Dichotomisierte Variablen:
    Jeder Antwortmöglichkeit wird je eine Variable und in gleichbleibender Weise je ein Wert für das Auftreten dieser Antwort und das Nichtauftreten zugeordnet.
Aufzählende Variablen:
    Jeder Antwortmöglichkeit wird eine Zahl eindeutig zugeordnet. Anschließend werden soviel Variablen definiert, wie nötig sind, um auch die umfangreichste zu erwartende Kombination von Antworten darzustellen. (Diese Methode wurde in dem Beispielfragebogen (1.1) ausschließlich verwendet). Zum Beispiel wurde im Beispielfragebogen (1.1) bei der Frage nach den Gründen Grund 1 mit einer 1 codiert, Grund 2 mit einer 2 usw..

Aufbau der Prozedurkarte:

```
MULT RESPONSE GROUPS=Gruppenname ['Label']
                { Wert1,Wert2 }
     (Var.liste({             }))...[Gruppenname...]
                {    Wert     }
 /VARIABLES=Var.liste(min,max) [Var.liste...]
 /FREQUENCIES=Itemliste
 /TABLES=Itemliste BY Itemliste
 [BY Itemliste] [(PAIRED)] [/Itemliste BY ...]
```

MULT RESPONSE hat vier mögliche Unterkommandos: GROUPS, VARIABLES, FREQUENCIES und TABLES. Ein Aufruf der Prozedur MULT RESPONSE erfordert wenigstens zwei der vorher genannten Unterkommandos, davon eines der beiden ersten und eines der beiden letzten.

Beschreibung der Unterkommandos: GROUPS :

Mit dem GROUPS-Unterkommando wird ein Name für die Mehrfach-Antwort-Gruppe spezifiziert, unter dem man sich später auf die Gruppe beziehen kann. Diesem kann ein Gruppenlabel folgen. Danach folgt die Angabe der Variablen, aus denen sich die Mehrfach-Antwort-Gruppe zusammensetzt. Die Werteliste enthält bei einer Gruppe von dichotomisierenden Variablen den auszuwählenden Wert, bei einer Gruppe von aufzählenden Variablen zwei Werte (min,max), die den auszuwählenden Wertebereich angeben.

VARIABLES:

Mit dem Unterkommando VARIABLES werden einfache Variablen mit ganzzahligen Werten angegeben, für die Häufigkeitstabellen und vor allem Kreuztabellen mit Mehrfachantwort-Variablen aufgestellt werden sollen. Die Angabe nach VARIABLES erfolgt in gleicher Weise wie beim Ganzzahlmodus der Prozedur CROSSTABS.

FREQUENCIES:

Das Unterkommando FREQUENCIES bewirkt das Drucken von Häufigkeitstabellen von Gruppen und einfachen Variablen. Neben den absoluten Häufigkeiten der Antworten werden Prozentzahlen, bezogen auf die Gesamtheit der insgesamt gegebenen Antworten und auf die Zahl der gültigen Fälle berechnet.

Für die Auswertungen durch die Unterkommandos FREQUENCIES und auch TABLES können gemischte Listen von Gruppen und einfachen Variablen angegeben werden, die hier 'Itemlisten' genannt werden. Außerdem kann das Schlüsselwort TO benutzt werden, wenn das Item vor und nach dem TO vom gleichem Typ ist, d.h. entweder sind beide Gruppen oder beide einfache Variablen; es gilt dabei die Reihenfolge, die in der GROUPS-bzw. VARIABLES-Liste angegeben ist. Wenn durch die Optionen nichts anderes angegeben wird, werden alle Fälle als gültig betrachtet, für die

- bei einfachen Variablen der Wert innerhalb des angegebenen Bereichs liegt (min, max) und keinem der Codes für Missing-values gleich ist.
- bei einer Gruppe aus aufzählenden Variablen wenigstens eine Einzelvariable einen Wert hat, der innerhalb des angegebenen Bereichs (min,max) liegt.
- bei einer Gruppe aus dichotomisierten Variablen wenigstens eine Einzelvariable dem auszuwählenden Wert ('ja') gleich ist.

TABLES:

Über das Schlüsselwort TABLES werden 2- bis 5-dimensionale Kreuztabellen angefordert. Die Spezifikation des TABLES-Kommandos ist genau gleich mit der für das TABLES-Unterkommando bei der Prozedur CROSSTABS. Das Schlüsselwort BY wird zur Trennung der verschiedenen Dimensionen einer Kreuztabelle verwendet. Die erste Itemliste definiert die Zeilen, die zweite die Spalten der Tabellen. Weitere Itemdefinitionen bewirken eine weitere Unterteilung der Tabellen.

Für das Kreuztabellieren von Gruppen aus aufzählenden Variablen kann das Schlüsselwort PAIRED hinzugefügt werden, wenn die Gruppen gleichviele Variablen umfassen. Es wird dann nur die erste Variable aus der einen Gruppe mit der ersten aus der anderen Gruppe, die zweite mit der zweiten usw. gekreuzt.

Liste der Optionen:

1 : Fehlende Werte werden eingeschlossen.
2 : Ausschluß von fehlenden Werten für dichotome Gruppen. Sofern nur eine der Ursprungsvariablen einen fehlenden Wert enthält, werden die Werte der ganzen Gruppe ausgeschlossen.
3 : Wie OPTION 2, nur für aufzählende Variablen.

4 : Wertelabel werden nur bei dich. Variablen ausgedruckt, nicht bei aufzählenden oder einfachen Variablen.
5 : Die Prozentangaben in den Kreuztabellen basieren auf der Zahl der Antworten (Voreinstellung: Zahl der Fälle).
6 : Der Ausdruck wird bei Tabellen auf 75 Zeichen je Zeile begrenzt.
7 : Häufigkeitstabellen werden raumsparender gedruckt.
8 : Häufigkeitstabellen werden nur dann raumsparender gedruckt, wenn mehr als 20 Kategorien vorkommen (ausgenommen dich. Variablen).

Liste der Statistiken:

1 : Zeilenprozente werden in die Kreuztabellen gedruckt.
2 : Spaltenprozente werden in die Kreuztabellen gedruckt.
3 : Für zweidimensionale Kreuztabellen werden die auf die gesamte Tabelle bezogenen Prozentangaben gedruckt.

```
//*                 Beispiel 2
// EXEC SPSSX
//SFILE DD DSN=URZ27.SKURS,DISP=SHR
//SYSIN DD *
TITLE 'Statistische Datenanalyse mit dem SPSS-X'
SET LENGTH=NONE,WIDTH=80

COMMENT mit dem folgenden Befehl wird ein SPSS-X System-file
 eingelesen. Dieser war vorher mit SAVE OUTFILE=...
 erstellt worden :
GET FILE=SFILE

COMMENT da die folgende Prozedur MULT RESPONSE nur
 numerische Variable kennt, ist vorher umzucodieren:
AUTORECODE VARIABLES=GESCHL / INTO NGESCHL / PRINT
VALUE LABELS NGESCHL 1 'maennlich' 2 'weiblich'

SUBTITLE 'Auszaehlen von Mehrfachantworten mit MULT RESPONSE'

MULT RESPONSE
 GROUPS=FAECHER 'belegte Fachbereiche'
  (BELEGT1 TO BELEGT3 (1,21))
  GRUENDE 'Gruende fuer Besuch des SPSS-x-Kurses'
  (BEGR1 TO BEGR4 (1,9) )/
 VARIABLES=NGESCHL (1,2)/
 FREQUENCIES=GRUENDE FAECHER/
 TABLES=GRUENDE,FAECHER  BY  NGESCHL
STATISTICS 1,2

SUBTITLE 'Noch ein Beispiel fuer den Gebrauch von MULT RESPONSE'
COMMENT Auch solche Tabellen kann man mit MULT RESPONSE erstellen,
 wenn man vorher geeignete Variablen erzeugt:
COUNT WEIBL=GESCHL('W')/MAENNL=GESCHL('M')/JUNG=ALTER(1 THRU 24)/
 ALT=ALTER(25 THRU HI)/WISO=FB(4)/MATNAT=FB (14 THRU 19,25)/

MULT RESPONSE
 GROUPS=NOTEN 'Abiturnoten von 6 Faechern'
  (DEUTSCH TO SPORT(1,6))
  KOPF (WEIBL MAENNL WISO MATNAT (1))/
```

```
        TABLES=NOTEN BY KOPF
   STATISTICS 1,2

   FINISH
   //*                    Ende Beispiel 2
```

Beispiel 2: Beispiel zum Auszählen von Mehrfachantworten mit MULT RESPONSE

Mit dem ersten Aufruf der Prozedur MULT RESPONSE werden in diesem Beispiel die Frage nach den Gründen für den Besuch des SPSS^X-Kurses und die Frage nach den belegten Fachbereichen ausgezählt. Da mit der Prozedur MULT RESPONSE nur numerische einfache Variablen behandelt werden können, wird zunächst die Variable GESCHL recodiert. Mit den nachfolgenden Anweisungen werden Häufigkeitstabellen der Gruppen GRUENDE, FAECHER angefordert, und beide Gruppen werden mit der Variable NGESCHL kreuztabelliert.

5.2 Gruppenmittelwerte, BREAKDOWN

Die Prozedur BREAKDOWN ermöglicht die Analyse von Mittelwertunterschieden in Gruppen. Es liegen eine oder mehrere abhängige Variable und eine oder mehrere unabhängige Variablen, die die Gruppeneinteilung definieren, vor. Für die gesamte Stichprobe und jede Gruppe werden die Summe, der Mittelwert, die Standardabweichung und die Varianz berechnet.
Wie z.B. bei FREQUENCIES operiert BREAKDOWN sowohl im schnelleren Ganzzahlmodus als auch im Generalmodus.
Allgemeine Form der BREAKDOWN-Karten:
a) Generalmodus

```
BREAKDOWN [TABLES=] Var.liste BY Var.liste [BY...]
                    [/Var.liste...]
```

b) Ganzzahlmodus

```
BREAKDOWN VARIABLES=Var.liste(min,max) [Var.liste...]
   {  TABLES     }
  /{             }=Var.liste BY Var.liste [BY...][/...]
   {  CROSSBREAK }
```

Beim Generalmodus folgen dem optionalen Schlüsselwort TABLES eine oder mehrere abhängige Variable und nach dem Schlüsselwort BY die unabhängigen Variablen.
Bei ganzzahligen Variablen werden durch die zusätzliche Anweisung VARIABLES für die zu verarbeitenden Variablen Wertebereiche angegeben. Bei abhängigen Variablen dürfen anstelle von Werten die Schlüsselwörter LO bzw. HI benutzt werden. Die Anweisung VARIABLES führt alle nachfolgend benötigten Variablen auf. Die TABLES-Anweisung wird im Ganzzahlmodus genauso behandelt wie im Generalmodus. Wird im Ganzzahlmodus das Schlüsselwort TABLES durch CROSSBREAK ersetzt, werden statt der standardmäßigen tabellarischen Ausgabe Kreuztabellen wie bei CROSSTABS gedruckt.

Liste der Optionen

1 : Einschluß aller fehlenden Werte.
2 : Ausschluß eines Falles, wenn ein Wert bei einer abhängigen Variablen fehlt.
3 : Label werden nicht gedruckt.
4 : Ausdruck der Tabellen in Form eines modifizierten Baumdiagramms (nur beim Ganzzahlmodus)
5 : Keine Fallzahlen in den Zellen.
6 : Ausdruck der Summen in den Zellen.
7 : Keine Standardabweichungen in den Zellen.
8 : Unterdrücken der Wertelabel.
9 : Unterdrücken der Namen der unabhängigen Variablen.
10: Unterdrücken der Werte der unabhängigen Variablen.
11: Es werden keine Mittelwerte gedruckt.
12: Es werden Varianzen gedruckt.

Liste der Statistiken:

1 : Einfache Varianzanalyse und η-Statistik für jede abhängige Variable (Test auf Mittelwertunterschiede)
2 : Test auf Trend. Nur sinnvoll, wenn die unabhängigen Variablen mindestens ordinales Skalenniveau haben. Statistik 2 setzt Statistik 1 voraus.

Im Beispiel 3 (Seite 57) ist der Aufruf der Prozedur BREAKDOWN aufgezeigt.

5.3 Zwei Gruppen Vergleich, T-TEST

Die Prozedur testet durch die Berechnung von Student's t Werten, ob zwei Stichprobenmittelwerte signifikant verschieden sind. Es können zwei Typen von Tests durchgeführt werden:

- Tests für unabhängige Stichproben
- Tests für abhängige Stichproben

Daher gibt es zwei Möglichkeiten für den allgemeinen Aufbau der Prozedurkarte:

a) für unabhängige Stichproben

```
                         {     Wert      }
T-TEST GROUPS=Var.name({                 })/
                         { Wert1,Wert2   }

       VARIABLES=Var.liste
```

Das Unterkommando GROUPS nennt die Variable und das Kriterium, nach dem die Fälle in zwei Gruppen eingeteilt werden.

Einfache Statistikprozeduren, Teil II

Die Gruppenangabe hinter dem Schlüsselwort GROUPS kann auf drei verschiedene Arten erfolgen:

- GROUPS = Variablenname (Wert)
  Die erste Gruppe besteht aus allen Fällen, die in der Klassifikationsvariablen den in Klammern angegebenen oder einen größeren Wert haben, die zweite Gruppe enthält die restlichen Fälle.

- GROUPS = Variablenname (Wert1,Wert2)
  Die Fälle mit Wert1 bilden die erste, die mit Wert2 die zweite Gruppe. Alle anderen Fälle werden ignoriert.

- GROUPS = Variablenname
  In diesem Fall wird automatisch Wert1 = 1, Wert2 = 2 gesetzt.

Dem Unterkommando VARIABLES, das die Variablen nennt, die analysiert werden sollen, folgt eine Variablenliste, die aber nur aus numerischen Variablen bestehen kann. Diese Variablenliste entspricht den üblichen Konventionen.

b) für abhängige Stichproben

```
T-TEST PAIRS=Var.liste [WITH Var.liste] [/Var.liste...]
```

Das Unterkommando PAIRS nennt die Variablen, die analysiert werden sollen. Wird hinter PAIRS eine Variablenliste ohne das Schlüsselwort WITH angegeben, so wird jedes mögliche Variablenpaar getestet. Bei Angabe von WITH wird jede Variable vor WITH mit jeder danach kombiniert.
Beide Typen von T-TEST können mit der gleichen Prozedurkarte aufgerufen werden. Es steht dann die Anweisung GROUPS an erster Stelle, danach folgen die Anweisungen VARIABLES und PAIRS. **Liste der Optionen:**

1 : Bewirkt, daß sämtliche Fälle in die Berechnung der Statistiken einbezogen werden, auch dann, wenn durch eine MISSING VALUES-Karte Werte als fehlend bezeichnet werden.
2 : Ausschluß eines Falles, falls für mindestens eine Variable Werte fehlen.
3 : Unterdrückt Variablenlabel.
4 : Der Ausdruck wird auf eine Breite von 80 Zeichen begrenzt.
5 : Bei verbundenen Stichproben (PAIRS) wird eine spezielle Zuordnung der Variablenpaare durchgeführt. Bei Angabe von WITH wird die erste Variable der ersten Liste mit der ersten Variable der zweiten Liste, die zweite Variable der ersten Liste mit der zweiten Variable der zweiten Liste usw. kombiniert.

Es gibt keine Statistikkarte.

```
//*                  Beispiel 3
// EXEC SPSSX
//SYSDATEN DD DSN=URZ27.SKURS,DISP=SHR
//SYSIN DD *
TITLE 'STATISTISCHE DATENANALYSE MIT DEM SPSS-X'
SET LENGTH=NONE,WIDTH=80
GET FILE=SYSDATEN

RECODE GESCHL ('M'=1) ('W'=2) INTO NGESCHL
```

Einfache Statistikprozeduren, Teil II

```
COMMENT
  eine Gruppierung einiger Fachbereiche in
  Fakultaeten m.H. von RECODE

RECODE FB (1,2=1) (3,4=2) (5=3) (6 THRU 14=4) (15 THRU 19,25=5)
  (ELSE=6) INTO FAKULT

VAR LABELS    FAKULT 'Fakultaet an der Univ. Muenster'
VALUE LABELS NGESCHL 1 'maennlich' 2 'weiblich'/
  FAKULT 1 'Theologie' 2 'Recht/Wiwi' 3 'Medizin' 4 'Philosophie'
  5 'Mat-Nat'   6 'Rest'

SUBTITLE 'Mittelwertunterschiede mit BREAKDOWN (general-mode)'
BREAKDOWN TABLES=LAUF100M  BY FAKULT GESCHL
STATISTICS 1

SUBTITLE 'Mittelwertunterschiede mit BREAKDOWN (integer-mode)'
BREAKDOWN VARIABLES=WEITSPR (LO,HI) FAKULT (1,6) NGESCHL (1,2)/
  TABLES=WEITSPR BY NGESCHL BY FAKULT
STATISTICS 1

SUBTITLE 'BREAKDOWN (integer-mode) in der CROSSBREAK-Version'
SET WIDTH=132
BREAKDOWN VARIABLES=WEITSPR (LO,HI) FAKULT (1,6) NGESCHL (1,2)/
  CROSSBREAK=WEITSPR BY NGESCHL BY FAKULT

SUBTITLE 'Mittelwertunterschiede 2 Gruppen, T-Test (unabhaengig)'
T-TEST GROUPS=GESCHL ('M','W')/VARIABLES=HOCHSPR KSTOSS

SUBTITLE 'Mittelwertunterschiede 2 Gruppen, T-Test (abhaengig)'
COMMENT
  das unterstellte Skalenniveau hierzu ist etwas gewagt,
  denn der t-Test verlangt Intervallskala und Normalverteilung.
  (Nichtparametrische Tests kommen spaeter: (vgl. NPAR TESTS)

T-TEST PAIRS=DEUTSCH MATHE SPORT

FINISH
//*                  Ende Beispiel 3
```

Beispiel 3: Beispielprogramm mit Anwendung der Prozeduren T-TEST und BREAKDOWN

In dem obigen Programm werden zunächst Mittelwertunterschiede mit der Prozedur BREAKDOWN im Generalmodus und im Integermodus berechnet. Mit der ersten BREAKDOWN-Anweisung wird die Kriterienvariable LAUF100M nach der Variablen FAKULT (Fakultäten der Universität) und nach der Variablen GESCHL (Geschlecht) aufgebrochen. Bei der BREAKDOWN-Anweisung im Integermodus wird die Variable WEITSPR (Weitsprung) zweifach durch die Variablen NGESCHL und FAKULT aufgebrochen. Dasselbe geschieht auch bei der CROSSBREAK-Version, bei der die Ergebnisse in eine Kreuztabelle gedruckt werden. Mit der Prozedur T-TEST wird ein t-Test auf Mittelwertunterschiede in 2 Gruppen durchgeführt. Dabei steht der T-TEST sowohl für unverbundene Stichproben (erstes Beispiel) als auch für verbundene Stichproben (zweites Beispiel) zur Verfügung.

Einfache Statistikprozeduren, Teil II

5.4 Der Reportgenerator REPORT

Die Prozedur REPORT erzeugt Listen von Fällen und Summary-Statistiken wie z.B. Mittelwert und Standardabweichung und druckt diesen Bericht in übersichtlicher Weise aus. Es kann in vielfältiger Weise das Format des Ausdruckes beeinflußt werden, indem z.B. Fußnoten, Überschriften usw. angegeben werden.

```
//*                    Beispiel 4
// EXEC SPSSX
//SYSDATEN DD DSN=URZ27.SKURS,DISP=SHR
//SYSIN DD *
TITLE 'STATISTISCHE DATENANALYSE MIT DEM SPSS-X'
SET LENGTH=NONE
GET FILE=SYSDATEN

COMMENT so werden String Variable definiert:
STRING MONAT (A10)

RECODE GEBMON (1='Januar') (2='Februar') (3='Maerz')
 (4='April') (5='Mai') (6='Juni') (7='Juli')
 (8='August') (9='September') (10='Oktober')
 (11='November') (12='Dezember')   INTO MONAT/

COMMENT und so geht es umgekehrt (String -> Zahl):
RECODE LFDNR (CONVERT) (ELSE=-1) INTO NR

SUBTITLE 'Sortieren des active file aufsteigend nach Geschlecht'
SORT CASES BY GESCHL (A)

SUBTITLE 'Uebersichtlicher Ausdruck mit REPORT (NOLIST)'
REPORT FORMAT=LENGTH (5,60) MARGINS (1,90)  SUMSPACE(4) BRKSPACE (-1)
 NOLIST/ /* Keine Auflistung von einzelnen Faellen
 CTITLE='Zeugnis-Noten nach Faechern und Geschlecht'/
 RTITLE='Seite )PAGE '/
 RFOOTNOTE='Trost: Einstein hatte angeblich auch kein gutes Zeugnis'/
 VARIABLES=DEUTSCH TO SPORT (LABEL) (10) DNOTE 'Durch-' 'schnitt'(8)/
 BREAK=GESCHL 'Geschlecht'   (LABEL) (10)   (TOTAL)/
 SUMMARY=ABFREQ (1,6) (DEUTSCH MATHE LATEIN ENGLISCH FRANZ SPORT)/
 SUMMARY=RELFREQ (1,6) (DEUTSCH MATHE LATEIN ENGLISCH FRANZ SPORT)/
 SUMMARY=VALIDN /
 SUMMARY=MIN     /
 SUMMARY=MAX     /
 SUMMARY=MEAN    /
 SUMMARY=STDEV   /

COMMENT Sortieren nach Geschlecht aufsteigend (A) und innerhalb
  des Geschlechtes nach Alter absteigend (D):
SORT CASES BY GESCHL (A) ALTER(D)

TEMPORARY
SELECT IF (GEBMON EQ 3) /* als Beispiel nur wenige auflisten
  /* oder aber den laufenden Monat auswaehlen:
  /* SELECT IF (GEBMON = XDATE.MONTH($TIME))

SUBTITLE 'Uebersichtlicher Ausdruck mit REPORT (LIST)'
REPORT FORMAT=LENGTH (5,60) MARGINS (1,80)  SUMSPACE(4)
```

```
  LIST/   /*LIST=Auflistung von einzelnen Faellen
  TITLE='Herzlichen Glueckwunsch zum Geburtstag '
         'fuer die folgenden Damen und Herren: '/
  RFOOTNOTE='wuenscht der Computer am Rechenzentrum der Univ. Muenster'/
  STRING=GEBTAG ('hat im ', MONAT , ' Geburtstag.' )
         ALT (' Heutiges Alter ',ALTER,' Jahre.')/
  VARIABLES=NR (4) GEBTAG ALT/
  BREAK=GESCHL 'Geschlecht' (LABEL) (10)   (TOTAL)/
FINISH
//*                  Ende Beispiel 4
```

Beispiel 4: Beispiel mit Anwendung der Prozedur REPORT

REPORT besitzt vier Hauptunterkommandos (FORMAT, VARIABLES, BREAK und SUMMARY), von denen jeweils das VARIABLES-, das BREAK-Kommando und entweder das FORMAT-Kommando mit der Spezifikation LIST oder ein SUMMARY-Kommando angegeben werden muß.

FORMAT:
Das FORMAT-Unterkommando spezifiziert, ob Fälle der Datei aufgelistet werden sollen und wie jede Seite des Berichtes ausgedruckt werden soll. Das Schlüsselwort LIST weist REPORT an, die Variablen für einzelne Fälle zu drucken, die auf dem VARIABLES-Unterkommando genannt werden. Bei Angabe von NOLIST werden keine einzelnen Fälle aufgelistet.
Weitere mögliche Spezifikationen für das FORMAT-Kommando:

LENGTH(t,b)	: Gibt die erste und letzte gedruckte Zeile einer Seite an.
MARGINS(l,r)	: Gibt den linken und rechten Rand des Druckes an. Maximal können 132 Spalten bedruckt werden.
SUMSPACE(n)	: Gibt die Zahl der Leerzeilen zwischen dem letzten Fall, der aufgelistet wurde und der ersten Zeile des Summarys an.
BRKSPACE(n)	: Gibt die Zahl der Leerzeilen zwischen der Breaküberschrift und der Liste der Fälle (falls LIST gebraucht wurde) oder der ersten Summary-Zeile an. Damit die erste Statistik, die angefordert wurde, in der gleichen Zeile steht wie der erste Breakwert oder der erste Fall, der aufgelistet wurde, wird BRKSPACE(-1) angegeben.

Alle Formatspezifikationen können in beliebiger Reihenfolge angegeben werden.

VARIABLES:
Das Unterkommando VARIABLES nennt die Variablen, die in den Bericht eingehen sollen und für die die Fälle aufgelistet werden können.

```
VARIABLES=Var.name [(LABEL)]['Spaltenüberschrift']
                  [(Breite)]
```

Wird hinter dem Variablennamen (LABEL) angegeben, so werden Werte-Label linksbündig in die Spalte gedruckt. Falls für einen Wert kein Label definiert wurde, wird der Wert gedruckt. Jede Spalte hat eine Spaltenüberschrift. Falls auf der VAR LABELS-Karte für die Variable ein Label angegeben wurde, wird dieser gedruckt, andernfalls der Variablenname. Man kann aber auch eine neue Spaltenüberschrift, die aus ein oder mehreren Zeilen bestehen kann, durch Einschließen in Hochkommata auf der VARIABLES-Karte angeben. Besteht die Überschrift aus mehr als einer Zeile (vgl. Beispiel), so wird jede Zeile in Hochkommata eingeschlossen, getrennt durch ein Leerzeichen.

Außerdem kann hinter dem Variablennamen die maximale Länge, mit der Wertelabel aufgelistet werden, spezifiziert werden.

BREAK:
BREAK spezifiziert die Variable oder die Menge der Variablen, durch die die Datei in Gruppen aufgeteilt wird. Dabei muß die Datei nach dieser Breakvariablen sortiert sein. BREAK und die zugehörigen SUMMARY-Unterkommandos können mehr als einmal auf der REPORT-Karte angegeben werden. Jedes BREAK-Kommando definiert ein Break-Kriterium, und das SUMMARY-Unterkommando, welches direkt den BREAK-Spezifikationen folgt, bestimmt Statistiken, die für die Fälle mit diesem Kriterium berechnet werden. Da das BREAK-Unterkommando eine Spalte des Berichtes definiert, sind einige Spezifikationen genau gleich mit denen bei VARIABLES.

```
BREAK=Var.name...Var.name['Spaltenüberschrift']
      [(Breite)] [(LABEL)] [(TOTAL)]
```

Falls Statistiken auch für die gesamte Zahl der Fälle, genau wie sie für jede Gruppe berechnet werden, aufgelistet werden sollen, kann als Spezifikation (TOTAL) angegeben werden.

SUMMARY:
Das SUMMARY-Unterkommando druckt eine Reihe aggregierter Statistiken für Variablen, die mit VARIABLES genannt wurden, aus. Das SUMMARY- Kommando gehört direkt zum BREAK-Kommando, welches die Gruppen spezifiziert, für die Statistiken berechnet werden.

```
SUMMARY=Name der Statistik [(Var.liste)]
```

Falls die angegebene Statistik für alle Variablen, die mit VARIABLES genannt wurden, berechnet werden soll, kann die Variablenliste weggelassen werden.
Folgende Statistiken sind mögliche Spezifikationen:

VALIDN	: Anzahl der Fälle
MIN	: Minimum
MAX	: Maximum
MEAN	: Mittelwert
STDEV	: Standardabweichung
ABFREQ(min,max)	: Häufigkeitsauzählung für alle Werte in dem angegebenen Bereich.
RELFREQ(min,max)	: Prozentzahlen aller Werte in dem angegebenen Bereich.

Weitere mögliche REPORT-Unterkommandos:

LTITLE = 'Titel'	: Der Titel wird links oben auf jeder Seite gedruckt.
RTITLE = 'Titel'	: Der Titel wird rechts oben auf jeder Seite gedruckt.
CTITLE = 'Titel'	: Der Titel wird in die Mitte auf jeder Seite gedruckt.
LFOOTNOTE = 'Fußnote'	: Die Fußnote wird links unten auf jeder Seite gedruckt.
RFOOTNOTE = 'Fußnote'	: Die Fußnote wird rechts unten auf jeder Seite gedruckt.
CFOOTNOTE = 'Fußnote'	: Die Fußnote wird in die Mitte auf jeder Seite gedruckt.

TITLE und FOOTNOTE sind gleichbedeutend mit CTITLE bzw. CFOOTNOTE, aber sie können nicht zusammen mit LTITLE oder RTITLE bzw. LFOOTNOTE oder RFOOTNOTE angegeben werden. Als spezielle Angabe kann bei Titeln und Fußnoten)PAGE bzw.)DATE gemacht werden, so daß neben jeder Seite eine Seitennummerierung durchgeführt bzw. das laufende Datum angegeben wird, z.B. : RTITLE = 'Seite)PAGE'.

STRING:
Mit dem STRING-Unterkommando können Variablen und Zeichenketten zu einer neuen, temporären Variablen verkettet werden.

```
STRING=Stringname(Var.name, 'Zeichenkette'...)
```

Die neue Variable kann nachfolgend in den Anweisungen VARIABLES und BREAK verwendet werden.
Beispiel:

```
REPORT FORMAT=LENGTH (5,60) MARGINS (1,80)   SUMSPACE(4)
 LIST/  /*LIST=Auflistung von einzelnen Faellen
 TITLE='Herzlichen Glueckwunsch zum Geburtstag '
       'fuer die folgenden Damen und Herren: '/
 RFOOTNOTE='wuenscht der Computer am Rechenzentrum der Univ. Muenster'/
 STRING=GEBTAG ('hat im ', MONAT , ' Geburtstag.' )
         ALT (' Heutiges Alter ',ALTER,' Jahre.')/
 VARIABLES=NR (4) GEBTAG ALT/
 BREAK=GESCHL 'Geschlecht' (LABEL) (10)   (TOTAL)/
```

In dem obigem Beispiel werden neue temporäre Variablen GEBTAG bzw. ALT durch Verkettung von Strings mit der Variable MONAT bzw. ALTER geschaffen. Die Werte dieser Variablen werden, getrennt nach dem Geschlecht (BREAK = GESCHL), für alle Fälle aufgelistet.

5.5 Streuungsdiagramme

5.5.1 SCATTERGRAM

Mit der Prozedur SCATTERGRAM wird der Zusammenhang zweier (stetiger) Variablen in einem zweidimensionalen Streuungsdiagramm dargestellt, wobei die erste Variable die vertikale Achse und die zweite die horizontale Achse definiert und jeder Punkt den Wert für einen Fall dieser beiden Variablen darstellt.

```
                        {  LO,HI  }
SCATTERGRAM Var.name[({          })][Var.name...]
                        { min,max }

     [Var.liste] [WITH Var.liste...]/...
```

Wird nur eine Variablenliste spezifiziert, so werden alle Variablen untereinander kombiniert, ansonsten wird jede Variable vor WITH mit jeder Variablen hinter WITH kombiniert. Ohne eine Angabe hinter den Variablennamen werden die beobachteten minimalen und maximalen Werte für jede Variable als Anfangs- und Endpunkt zur Skalierung der Achsen genommen. Es kann aber auch ein Wertebereich angegeben werden, durch den das Diagramm begrenzt wird. Hier sind als Angabe auch die Schlüsselwörter LO und HI zulässig. Die Angabe bezieht sich jeweils auf die unmittelbar vorhergehende Variable.
Der beobachtete bzw. begrenzte Wertebereich einer Variablen wird durch 10 geteilt, um eine Einteilung der vertikalen Achse, oder durch 20 geteilt, um eine Einteilung der horizontalen

Achse zu erhalten. Bei Variablen mit ganzzahligen Werten können die Achsen mit nichtganzzahligen Werten beschriftet sein, falls der Bereich nicht ganzzahlig durch 10 bzw. 20 teilbar ist. Werden die Skalenwerte mit ungenügend vielen Nachkommastellen angegeben, so läßt sich dies mit dem Kommando PRINT FORMATS regulieren.

Liste der Optionen:

1 : Einschluß aller fehlenden Werte
2 : Listenweiser Ausschluß, falls bei mindestens einer Variablen ein Wert fehlt.
3 : Es werden keine Variablenlabel gedruckt.
4 : Es werden keine Gitterlinien im Diagramm gedruckt.
5 : Es werden diagonale Gitterlinien in das Diagramm eingezeichnet.
6 : In Verbindung mit STATISTICS 3 wird der zweiseitige Signifikanztest gewählt.
7 : Die Skalierung wird erweitert auf den Bereich vom abgerundeten kleinsten Wert bis zum aufgerundeten größten Wert und es werden ganzzahlige Werte für die Achsenbeschriftung gewählt (Vorsicht! Kann nicht angegeben werden, falls ein Minimum und Maximum spezifiziert wurde).
8 : Falls für die Verarbeitung aller Fälle nicht genügend Speicherplatz zur Verfügung steht, wird eine so große Stichprobe gezogen, wie sie gerade noch verarbeitet werden kann.

Liste der Statistiken:

1 : Pearson'scher Korrelationskoeffizient
2 : Quadrierter Pearson'scher Korrelationskoeffizient
3 : Signifikanz des Pearson'schen Korrelationskoeffizienten
4 : Standardschätzfehler
5 : Schnittpunkt der Regressionsgeraden mit der senkrechten Achse
6 : Steigung der Regressionsgeraden

5.5.2 PLOT

Mit der Prozedur PLOT können vier verschiedene Arten zweidimensionaler Druckerplots erzeugt werden:

- Scatterplots (zweidimensionale Streuungsdiagramme), mit oder ohne Kontrollvariablen
- Regressionsplots, mit oder ohne Kontrollvariablen
- Konturplots
- Overlay-Plots.

PLOT bietet durch eine Reihe von optionalen Unterkommandos mehr Möglichkeiten bei der Gestaltung des Plots, insbesondere bei der Wahl des Plottyps und der Achsengröße, bei der Skalierung der Achsen und bei der Festlegung der Plotsymbole und ist deshalb für die graphische Darstellung auf dem Drucker mächtiger als die in 5.5.1 beschriebene Prozedur SCATTERGRAM.

Allgemeiner Aufbau der Prozedur PLOT:

```
             { PLOTWISE }
PLOT [MISSING={          }[INCLUDE]/]
             { LISTWISE }

                                                 { 1 }
         { 80 }        { 40 }        { EVERY({   })}
  [HSIZE={   }/][VSIZE={   }/][CUTPOINT=[      { n }  }/]
         { n  }        { n  }        { Werteliste   }

              { ALPHANUMERIC                        }
              { NUMERIC                             }
  [SYMBOLS={                                        }/]
              { 'Symbole'[,'overprint-symbole']     }
              { X'hex.Symbole'[,'overprint-hex.Symbole'] }
  [HORIZONTAL=['Titel'][STANDARDIZE][MIN(Min.)][MAX(Max.)]
              [UNIFORM][REFERENCE(Werteliste)]/]
  [VERTICAL=['Titel'][STANDARDIZE][MIN(Min.)][MAX(Max.)]
              [UNIFORM][REFERENCE(Vektor)]/]
             { DEFAULT       }
             { CONTOUR[(n)]  }
  [FORMAT={                  }/] [TITLE='Titel'/]
             { OVERLAY       }
             { REGRESSION    }
    PLOT=Var.liste WITH Var.liste [(PAIR)][BY Var.name]
         [;Var.liste ...]/
  [PLOT=...]
```

Das PLOT-Unterkommando ist als einziges Unterkommando beim Aufruf der Prozedur PLOT erforderlich. Die Unterkommandos MISSING, VSIZE, HSIZE, CUTPOINT und SYMBOLS sind optional, wirken jedoch global, d.h. sie wirken auf alle Plots innerhalb eines Aufrufs der Prozedur PLOT. Deshalb können diese Unterkommandos nur einmal innerhalb eines PLOT-Kommandos angegeben werden. Die optionalen Unterkommandos HORIZONTAL, VERTICAL, FORMAT und TITLE wirken lokal und werden dem PLOT-Unterkommando vorangestellt, auf das sie Bezug nehmen. Innerhalb eines PLOT-Kommandos kann das Unterkommando PLOT mit zugehörigen lokalen Unterkommandos mehrmals aufgeführt werden, wobei darauf zu achten ist, daß PLOT als letztes Unterkommando angegeben wird.

Beschreibung der Unterkommandos:

PLOT
Das PLOT-Unterkommando gibt die Variablen an, die geplottet werden sollen. Variablen vor dem Schlüsselwort WITH werden auf der vertikalen (y-) Achse, Variablen nach WITH auf der horizontalen (x-) Achse geplottet. Bei Angabe des Schlüsselwortes PAIR werden die Variablen paarweise geplottet, d.h. die erste Variable vor WITH wird mit der ersten nach WITH, die zweite mit der zweiten usw. kombiniert; andernfalls erzeugt jede Kombination einer Variablen vor WITH mit einer Variablen nach WITH einen Plot.
Beispiel1:

```
PLOT=Y1 Y2 WITH X1 X2 /
```

Beispiel2:

```
PLOT=Y1 Y2 WITH X1 X2 (PAIR)/
```

In dem ersten Beispiel werden vier Plots (Y1×X1, Y1×X2, Y2×X1, Y2×X2) spezifiziert, während mit dem zweiten PLOT-Kommando nur zwei Plots (Y1×X1, Y2×X2) erzeugt werden. Sollen mehrere Listen von Plots innerhalb eines PLOT-Unterkommandos angegeben werden, so müssen diese durch ein Semikolon getrennt werden.
Vor jedem Plot wird eine Tabelle ausgedruckt, die folgende Informationen enthält: Anzahl der Fälle, die Größe des Plots und eine Liste der Symbole und der den Symbolen entsprechenden Häufigkeiten. Die Symbole 1-9, A-Z und * sind voreingestellt.
Für die angegebenen Plots kann auf dem PLOT-Unterkommando noch genau eine Kontroll- bzw. Konturvariable nach dem Schlüsselwort BY spezifiziert werden.
Beispiel:

```
PLOT PLOT=WEITSPR WITH LAUF100M BY GESCHL /
```

Das erste Zeichen des Wertelabels der Kontrollvariablen wird als Plotsymbol verwendet. Falls kein Wertelabel angegeben wurde, wird das erste Zeichen des aktuellen Wertes gedruckt. In dem obigen Beispiel werden Wertepaare männlicher Personen durch das Zeichen 'm' und Wertepaare weiblicher Personen durch 'w' gekennzeichnet.
Falls an einer Druckposition mehrere Werte der Kontrollvariablen vorliegen, wird das Zeichen $ gedruckt.

FORMAT
Auf dem FORMAT-Unterkommando wird durch eines der folgenden vier Schlüsselwörter der Plottyp festgelegt:
CONTOUR(n) : Kontur-Plot mit n Stufen (level).
Bei einem Kontur-Plot wird ähnlich wie bei einem Kontroll-Plot eine Kontrollvariable angegeben, die aber stetig sein kann. Der Wertebereich dieser Kontrollvariablen, die nach BY auf dem PLOT-Unterkommando spezifiziert wird, wird in n gleich große Intervalle aufgeteilt, wobei jedem Intervall ein Plotsymbol zugeordnet wird. Falls z.B. Symbole mit unterschiedlichen Helligkeitsabstufungen verwendet werden, so kann dadurch die Größe der Werte der Konturvariablen optisch angedeutet werden. Die Anzahl der Stufen ist auf 35 begrenzt, ohne Angabe wird n = 10 angenommen. In jeder Druckposition wird nur der höchste vorgekommene Wert angezeigt.

Beispiel:

```
PLOT FORMAT=CONTOUR(10) /
     SYMBOLS='.-=*+OXOXM' ,
              '        -OW'/
     PLOT=WEITSPR WITH LAUF100M BY HOCHSPR /
```

In diesem Beispiel wird ein Kontur-Plot mit 10 Stufen der Konturvariablen HOCHSPR erzeugt. Jedem Intervall entspricht ein bei SYMBOLS angegebenes Symbol, wobei das erste Symbol dem ersten Intervall, das zweite dem zweiten, usw. zugeordnet wird (s. auch das Unterkommando SYMBOLS).
Kontur-Plots können nicht als Regressionsplots verwendet werden.

OVERLAY : Overlay-Plots.
Durch das Schlüsselwort OVERLAY werden die auf dem nachfolgenden PLOT-Unterkommando angegebenen Plots in ein Bild gezeichnet. Overlay-Plots sind dann sinnvoll, wenn Werte verschiedener Variablen mit der gleichen Methode oder Werte gleicher Variablen zu verschiedenen Zeitpunkten erfaßt wurden. Anwendung: Heiratsrate und Scheidungsrate innerhalb eines Zeitraumes werden zusammen in einem Diagramm übereinander geplottet.
Für jeden Plot wird ein einheitliches Symbol ausgewählt. Außerdem legt PLOT ein Symbol für Druckpositionen fest, in denen die Wertepaare verschiedener Plots gleich sind. Diese Symbole können auch auf dem SYMBOLS-Unterkommando definiert werden (s. SYMBOLS).

REGRESSION : Regressionsplot.
Mit dem Schlüsselwort REGRESSION werden Regressionsstatistiken für die Regression der Variablen auf der vertikalen Achse mit der Variablen auf der horizontalen Achse angefordert. Auf dem Rand markiert der Buchstabe R die beiden Punkte, die sich zu einer Regressionsgeraden verbinden lassen.
Beispiel:

```
PLOT FORMAT=REGRESSION /
     PLOT=WEITSPR WITH LAUF100M /
```

In diesem Beispiel wird ein Regressionsplot der abhängigen Variablen WEITSPR mit der unabhängigen Variablen LAUF100M spezifiziert.
Bei einem Kontrollplot werden die Regressionsstatistiken für die Gesamtheit aller Kategorien berechnet, nicht jedoch getrennt für jedes einzelne Merkmal.

DEFAULT   : Scatterplot (zweidim. Streuungsdiagramm; Voreinstellung).

TITLE
Mit TITLE kann eine aus maximal 60 Zeichen bestehende Überschrift für einen Plot angegeben werden. Ist die Überschrift länger als die mit HSIZE angegebene Größe, so wird sie entsprechend am Ende gekürzt. Wird TITLE nicht spezifiziert, so wird ein Scatterplot mit den Namen der Variablen und jeder andere Plottyp mit dem Typ des Plots überschrieben.

VERTICAL, HORIZONTAL
Mit den Unterkommandos VERTICAL und HORIZONTAL können die Skalierung und Beschriftung beider Achsen, Positionen für Markierungslinien parallel zur jeweiligen Achse und minimale bzw. maximale Werte der Achsen angegeben werden.
VERTICAL und HORIZONTAL besitzen die folgenden gleichen Spezifikationen:

'Label'	: Label der Achse, maximal 40 Zeichen lang. Ohne diese Angabe wird der Variablenlabel der Variable oder, falls dieser nicht vorhanden ist, der Variablenname gedruckt. Ist der Label länger als die spezifizierte Plotgröße, so wird der Label am Ende entsprechend abgeschnitten.
MIN(n)	: Minimaler Wert der Achse. Voreinstellung: Kleinster beobachteter Wert.
MAX(n)	: Maximaler Wert der Achse. Voreinstellung: Größter beobachteter Wert. Um die Achsen mit ganzzahligen Werten in gleichgroßen Abständen zu beschriften, wird gegebenenfalls ein etwas größerer Wert als der maximale gewählt.
UNIFORM	: Gleiche Werte auf den Achsen, d.h. alle Plots haben auf vertikaler und horizontaler Achse die gleiche Skalierung. Falls UNI-

Einfache Statistikprozeduren, Teil II

	FORM ohne MIN bzw. MAX spezifiziert wird, wird das Minimum bzw. Maximum bestimmt, indem von allen mit PLOT angegebenen Variablen der minimale bzw. maximale Wert gesucht wird.
REFERENCE(Werteliste)	: Gibt die Werte (maximal 10) für Markierungslinien parallel zur jeweiligen Achse an.
STANDARDIZE	: Standardisierung der Variablen, d.h. diese Variablen haben den Mittelwert 0 und die Standardabweichung 1. Sinnvoll ist diese Spezifikation z.B. dann, wenn Variablen mit unterschiedlicher Skalierung in einen Overlay-Plot gedruckt werden sollen.

VSIZE, HSIZE
Die Größe eines Plotes ist abhängig von der Größe der Seite des Druckpapiers. Bei einem Computer mit einer maximalen Zeilenlänge von 132 Zeichen und einer maximalen Zeilenzahl von 59 ist der Bildausschnitt auf 80 Zeichen pro Zeile und 40 Zeilen voreingestellt. Diese Voreinstellungen können mit VSIZE (vertikale Größe, Länge) und mit HSIZE (horizontale Größe, Breite) verändert werden.
Beispiel:

```
PLOT HSIZE=70 / VSIZE=60 /
     PLOT=WEITSPR WITH LAUF100M BY HOCHSPR /
```

HSIZE und VSIZE legen für alle innerhalb eines PLOT-Kommandos angegebenen Plots die Plotgröße fest. Diese Angaben schließen zusätzlich gedruckte Informationen außerhalb des Plotbildes nicht ein, wie z.B. Achsenskalierungszahlen, Regressionsstatistiken, Symboltabellen.

Wichtig ist, daß die mit HSIZE angegebenen Größe um mindestens 15 kleiner ist als die mit SET WIDTH angegebene Zahl (oder als die Voreinstellung). Bei VSIZE muß die Zahl um mindestens 20 kleiner sein als die bei SET LENGTH angegebene Größe. Andernfalls überschreibt VSIZE zwar die Angabe bei SET LENGTH, aber die Symboltabelle und andere Informationen unterhalb der Symboltabelle werden auf die nächste Seite gedruckt.

Festlegung der Plotsymbole, SYMBOLS, CUTPOINT

Die Prozedur PLOT ermöglicht es, über das Unterkommando SYMBOLS Symbole für Scatterplots, Overlay- und Konturplots und über das Unterkommando CUTPOINT die Häufigkeiten, die ein Symbol gegebenenfalls darstellt, festzulegen. Die folgende Tabelle faßt die Wirkungsweise und Festlegung der Plotsymbole bei verschiedenen Plottypen zusammen:

Art des Plots	Bedeutung des Symbols	Festlegung durch
SCATTER/ REGRESSION	Jedes Symbol gibt die Häufigkeit der Fälle an der jeweiligen Druckposition wieder.	SYMBOLS bzw. CUTPOINT
CONTROL	Jedes Symbol repräsentiert einen Wert der Kontrollvariablen.	Interne Festlegung, indem entweder der erste Buchstabe des Wertelabels der Kontrollvariablen oder, falls kein Label vorhanden, der erste Buchstabe des Variablennamens gewählt wird.
CONTOUR	Jedes Symbol steht für eine Stufe der Kontrollvariablen, wobei das erste Symbol dem ersten Intervall der Kontrollvariablen, das zweite dem zweiten usw. zugeordnet wird.	SYMBOLS
OVERLAY	Jedes Symbol definiert einen Plot.	SYMBOLS

CUTPOINT

Bei einem Häufigkeitsplot wird an einem Koordinatenpunkt das erste angegebene Symbol gedruckt, falls das Wertepaar bei einem Fall vorkommmt, das zweite Symbol, falls die Werte bei zwei Fällen auftreten, usw.. Mit dem CUTPOINT-Unterkommando können andere Häufigkeitsstufen festgelegt werden, denen ein Symbol entsprechen soll. Dabei besteht die Möglichkeit, entweder mit EVERY die gewünschte Intervallbreite oder eine Werteliste der Schnittpunkte anzugeben.

EVERY(n) : Häufigkeitsintervalle der Breite n (Voreinstellung 1, d.h. jede einzelne Häufigkeit wird durch ein unterschiedliches Symbol dargestellt.)
(Werteliste) : Jeder Wert definiert einen Schnittpunkt, maximal 35 Werte.

Das CUTPOINT-Unterkommando bezieht sich auf bivariate Plots, nicht auf Kontroll- oder Konturplots.

Beispiel:

```
PLOT CUTPOINT=EVERY(4)/
     PLOT=Y WITH X /
```

In diesem Beispiel werden Häufigkeiten von 1 bis 4 durch eine 1, von 5-8 durch eine 2 usw. symbolisiert. Falls über SYMBOLS andere Symbole definiert werden, werden Häufigkeiten von 1-4 durch das erste angegebene Symbol, von 5-8 durch das zweite usw. dargestellt. Beispiel:

```
PLOT CUTPOINT=(4,10,25) /
     PLOT=Y WITH X /
```

Wertepaare, die bei 1-4 Fällen auftreten, werden in diesem Beispiel durch die 1, bei 5-10 Fällen durch die 2, bei 11 bis 25 Fällen durch die 3 und bei mehr als 25 Fällen durch die 4 gekennzeichnet.

SYMBOLS

Mit dem SYMBOLS-Unterkommando können Plot-Symbole (maximal 36) vom Benutzer festgelegt werden. Es gibt die Möglichkeit, maximal 2 Zeichen übereinander zu drucken. Außerdem kann man die zu druckenden Zeichen in ihrer hexadezimalen Verschlüsselung angeben (z.B. dann, wenn das Zeichen der 'Druckerkette' nicht direkt über Lochkarte bzw. Terminaltastatur eingegeben werden kann).
SYMBOLS bezieht sich auf Scatterplots und auf Konturplots, nicht jedoch auf Kontroll-Plots.
Die Reihenfolge der Zuordnung der Symbole zu den Häufigkeiten richtet sich nach der Reihenfolge der Angabe der Symbole, d.h. bei Scatterplots bestimmmt jedes weitere Symbol größere Häufigkeiten, bei Overlay-Plots einen weiteren PLot und bei Konturplots ein weiteres Intervall.
SYMBOLS besitzt folgende Spezifikationen:

ALPHANUMERIC   : Alphanumerische Plotsymbole. Folgende Zeichen werden verwendet: 1-9, A-Z und *. 36 oder mehr Punkte bei einer Druckposition werden deshalb durch * gekennzeichnet. (Voreinstellung)
NUMERIC   : Numerische Plotsymbole, d.h. 1-9 und *. * kennzeichnet 10 oder mehr Punkte an einer Position.
'Symbole'[,'ovprint'] : Liste der selbstgewählten Plotsymbole. Es kann noch eine zweite Liste getrennt durch Komma oder Blank angegeben werden, um übereinandergedruckte Zeichen zu erhalten. Die angegebenen Zeichen können auch hexadezimal verschlüsselt (durch ein vorangestelltes X gekennzeichnet) sein.
X'hexsym.'[,'ovprint'] : Liste der hexadezimalen Plotsymbole, gekennzeichnet durch das vorangestellte X. Hier kann ebenfalls eine zweite Symbolliste angegeben werden.

Falls nur einige Symbole übereinandergedruckt werden sollen, wird eine Kombination von Blanks und Symbolen in der zweiten Liste angegeben, z.B.

```
PLOT SYMBOLS='.-=*+OXOXM' ,
             '       -OW' /
     FORMAT=CONTOUR (10)  /
     PLOT=WEITSPR WITH LAUF100M BY HOCHSPR/
```

In diesem Beispiel wird der Wertebereich der Konturvariablen HOCHSPR in 10 Intervalle eingeteilt, wobei jedem Intervall ein Symbol entspricht. Da die ersten sieben Zeichen der zweiten Zeichenliste Blanks sind, überlagern sich hier nur die letzten drei Zeichen (durch Überdrucken).

Einfache Statistikprozeduren, Teil II

MISSING
Mit dem MISSING-Unterkommando wird die Behandlung fehlender Werte festgelegt. Folgende Schlüsselwörter sind bei MISSING als Spezifikation möglich:

PLOTWISE : Fälle mit fehlenden Werten bei einer Variablen werden vom Plot mit dieser Variablen ausgeschlossen. (Voreinstellung)
LISTWISE : Fälle mit fehlenden Werten bei irgendeiner der angegebenen Variablen werden bei keinem Plot berücksichtigt.
INCLUDE : Vom Benutzer selbstdefinierte Missing-Values werden als gültig betrachtet.

In dem nachfolgenden Beispiel, aus dem bei der Beschreibung der Prozedur PLOT teilweise Ausschnitte als Beispiele verwendet wurden, werden verschiedene Plottypen innerhalb eines Jobs aufgerufen.

```
//*               Beispiel 5
// EXEC SPSSX
//SYSDATEN DD DSN=URZ27.SKURS,DISP=SHR
TITLE 'Statistische Datenanalyse mit dem SPSS-X'

GET FILE=SYSDATEN

SUBTITLE 'Scatterplot mit der Prozedur PLOT'

PLOT MISSING=PLOTWISE/
 TITLE='Zusammenhang zwischen Laufen und Weitsprung nach Geschlecht' /
 VERTICAL='Weitsprung-Leistung in Metern' MIN (2) MAX (8)/
 HORIZONTAL='Hundertmeterlauf in 1/10 Sek' MIN (10) MAX (20)/
 HSIZE=70/VSIZE=60/
 FORMAT=DEFAULT/  /* DEFAULT=SCATTERPLOT
 PLOT=WEITSPR WITH LAUF100M BY GESCHL/

SUBTITLE 'Contourplot mit der Prozedur PLOT'

PLOT MISSING=PLOTWISE/
 TITLE='Zusammenhang zwischen Laufen und Weitsprung und Hochsprung' /
 VERTICAL='Weitsprung-Leistung in Metern' MIN (2) MAX (8)/
 HORIZONTAL='Hundertmeterlauf in 1/10 Sek' MIN (10) MAX (20)/
 HSIZE=70/VSIZE=60/
 SYMBOLS='.-=*+OXOXM',
         '      -OW' /
 FORMAT=CONTOUR (10)/
 PLOT=WEITSPR WITH LAUF100M  BY  HOCHSPR

SUBTITLE 'Regressionplot mit der Prozedur PLOT'

PLOT MISSING=PLOTWISE/
 TITLE='Zusammenhang zwischen Laufen und Weitsprung' /
 VERTICAL='Weitsprung-Leistung in Metern' MIN (2) MAX (8)/
 HORIZONTAL='Hundertmeterlauf in Sek' MIN (10) MAX (20)/
 HSIZE=70/VSIZE=60/
 FORMAT=REGRESSION/
 PLOT=WEITSPR WITH LAUF100M/
//*               Ende Beispiel 5
```

Beispiel 5: Beispiel mit Anwendung der Prozedur PLOT

5.6 Korrelationskoeffizienten, PEARSON CORR

PEARSON CORR berechnet Pearson'sche Produkt-Moment-Korrelationskoeffizienten r. Dies ist der sicherlich am häufigsten benutzte Korrelationskoeffizient. Er mißt die gegenseitige lineare Abhängigkeit zweier Variablen. Es wird eine Korrelationsmatrix ausgedruckt, und für jeden Koeffizienten wird die Zahl der Fälle und das Signifikanzniveau (zur Hypothese r=0) angegeben.

```
PEARSON CORR Var.liste[WITH Var.liste][/Var.liste...]
```

Falls WITH angegeben wird, wird jede Variable vor WITH mit jeder Variablen hinter WITH kombiniert, sonst werden die angegebenen Variablen miteinander kombiniert.

Liste der Optionen:

1 : Einschluß von fehlenden Werten in die Berechnung der Statistiken.
2 : Fehlt bei einem Fall der Wert einer Variablen, so wird der Fall bei allen Berechnungen ausgeschlossen.
3 : Statt des standardmäßigen einseitigen Signifikanztests wird ein zweiseitiger Signifikanztest für jeden Koeffizienten durchgeführt.
4 : Die Korrelationsmatrix wird auf einen Output File geschrieben. Notwendig hierfür ist ein PROCEDURE OUTPUT-Kommando (ab Version 3 MATRIX-Unterkommando, siehe Kapitel 10.3).
5 : Zu den Korrelationskoeffizienten werden keine Signifikanzen und Fallzahlen gedruckt, aber Sterne (*) zeigen signifikante Korrelationskoeffizienten an.
6 : Die nichtredundanten Koeffizienten werden fortlaufend zeilenweise ausgedruckt.
7 : Die Korrelationsmatrix wird ohne die Anzahl der Fälle auf einen Output File geschrieben.

Liste der Statistiken:

1 : Mittelwert, Standardabweichung und die Zahl der Fälle mit nichtfehlenden Werten werden für jede Variable ausgegeben.
2 : Für alle Variablenpaare werden Kreuzprodukte und Kovarianzen ausgedruckt.

5.7 Nichtparametrische Korrelationskoeffizienten, NONPAR CORR

NONPAR CORR berechnet Spearman'sche und/oder Kendall'sche Rang-Korrelationskoeffizienten. Die gegenseitige Abhängigkeit zweier Variablen wird dadurch gemessen, wie sehr sich die Rangordnungen der Beobachtungen bezüglich der Ausprägungen der Variablen gleichen. Für jeden Koeffizienten der Korrelationsmatrix wird die Zahl der Fälle und das Signifikanzniveau ausgedruckt.

```
NONPAR CORR Var.liste[WITH Var.liste] [/Var.liste...]
```

Für die Prozedurkarte gelten die gleichen Konventionen wie bei PEARSON CORR.

Liste der Optionen:

Optionen 1 bis 4 genau wie bei PEARSON CORR.

5 : Es werden nur Kendall'sche Koeffizienten berechnet (ohne Option 5 nur Spearman'sche Koeffizienten).
6 : Es werden Kendall'sche und Spearman'sche Korrelationskoeffizienten berechnet.
7 : Falls der Speicherplatz für die Verarbeitung aller Fälle nicht ausreicht, wird eine so große Stichprobe gezogen, wie sie eben noch verarbeitet werden kann.
8 : Zu den Koeffizienten werden keine Signifikanzen und Fallzahlen gedruckt.
9 : Die Koeffizienten werden fortlaufend, zeilenweise ausgedruckt.

5.8 Partielle Korrelation PARTIAL CORR

Die Prozedur PARTIAL CORR berechnet partielle Korrelationskoeffizienten, die die Korrelation zweier Variablen unter Ausschaltung weiterer Einflußgrößen wiedergeben. Berechnet wird also der Produkt-Moment-Korrelationskoeffizient, wobei die Variablen zuvor bereinigt wurden um den Beitrag, der als Einfluß der Ausprägungen der Kontrollvariablen vorhersagbar ist.

```
PARTIAL CORR Var.liste [WITH Var.liste] BY Kontrolliste
             (Ordnungswerte) [/...]
```

Für jedes Paar der Korrelationsliste (= Var.liste [WITH Var.liste]) werden partielle Korrelationskoeffizienten berechnet. Falls WITH verwendet wird, wird jede Variable vor WITH mit jeder nach WITH kombiniert (wie bei PEARSON CORR). Die Variablenliste hinter BY (Kontrolliste) gibt die Variablen an, die auspartialisiert werden sollen. Die Liste der Ordnungswerte besteht aus maximal 5 ganzen Zahlen, die zwischen 1 und der Zahl der Variablen der Kontrolliste liegen können. Diese geben die Ordnung der Korrelation an. Gewöhnliche Koeffizienten werden als Koeffizienten 0-ter Ordnung betrachtet. Eine Korrelation 1.Ordnung wird durch eine Kontrollvariable erzeugt, eine partielle Korrelation 2.Ordnung wird durch ein Paar von Kontrollvariablen erzeugt (der Einfluß beider Variablen wird auspartialisiert) usw.. Sollen für eine Variablenliste mit zugehöriger Kontrolliste partielle Korrelationen verschiedener Ordnung berechnet werden, so können alle Ordnungswerte aufgeführt werden.

Beispiel:

```
PARTIAL CORR LAUF100M WITH WEITSPR BY GROESSE (1)
```

In diesem Beispiel wird der Korrelationskoeffizient zwischen den Variablen LAUF100M und WEITSPR unter Ausschaltung des Einflusses der Variablen GROESSE berechnet.

Liste der Optionen:

1 : Einschluß aller fehlenden Werte.
2 : Paarweiser Ausschluß fehlender Werte für die zugrundeliegenden einfachen Korrelationen.
3 : Zweiseitiger Signifikanztest
4 : Statt der Fälle wird eine Matrix eingelesen. Notwendig hierfür INPUT PROGRAM.
5 : Die Korrelationsmatrix wird auf einen Output File geschrieben. Notwendig hierfür PROCEDURE OUTPUT (ab Version 3: MATRIX-Unterkommando, siehe Kap 10.3).

Einfache Statistikprozeduren, Teil II

6 : Die Reihenfolge der Matrix wird durch die Reihenfolge der Variablen der aktuellen Datei bestimmt.
7 : Keine Angabe von Freiheitsgraden und Signifikanzen.
8 : Ausdruck der nichtredundanten Korrelationskoeffizienten in serieller Abfolge.

Liste der Statistiken:

1 : (Gewöhnliche) Pearson'sche Korrelationskoeffizienten (Korrelationen nullter Ordnung), Zahl der Freiheitsgrade und Signifikanzen werden ausgedruckt.
2 : Mittelwerte, Standardabweichungen und die zur Berechnung verwendete Anzahl der Fälle werden ausgedruckt.
3 : Pearson'sche Korrelationskoeffizienten werden nur dann angegeben, wenn einige von ihnen nicht berechnet werden können. Nicht berechenbare Koeffizienten werden durch Ausgabe von '.' gekennzeichnet. Bei gleichzeitiger Angabe der Statistiken 1 und 3 gilt Statistik 1.

```
//*                  Beispiel 6
// EXEC SPSSX
//SYSDATEN DD DSN=URZ27.SKURS,DISP=SHR
//SYSIN DD *
TITLE 'Statistische Datenanalyse mit dem SPSS-X'
SET LENGTH=NONE
GET FILE=SYSDATEN

SUBTITLE 'Streuungsdiagramm mit SCATTERGRAM'
SCATTERGRAM DNOTE LAUF100M WITH WEITSPR
STATISTICS ALL

SUBTITLE 'Korrelationskoeffizienten'
PEARSON CORR LAUF100M TO KSTOSS DNOTE  GROESSE/DEUTSCH WITH MATHE
STATISTICS 1

SUBTITLE 'Nichtparametrische Korrelationskoeffizienten'
NONPAR CORR DEUTSCH TO SPORT
OPTIONS 6

SUBTITLE 'Partielle Korrelation'
PARTIAL CORR LAUF100M WITH WEITSPR  BY  GROESSE (1)
STATISTICS 1,2
OPTIONS 2
FINISH
//*                  Ende Beispiel 6
```

Beispiel 6: Beispielprogramm mit Anwendung der Prozeduren **SCATTERGRAM, PEARSON CORR, NONPAR CORR** und **PARTIAL CORR**

6.0 Nichtparametrische Tests, NPAR TESTS

Die Prozedur NPAR TESTS enthält eine Reihe nichtparametrischer Tests. In ihrer Anwendung zeichnen sich diese Tests dadurch aus, daß sie nur sehr geringe Voraussetzungen über die Verteilung der zu untersuchenden (numerischen) Variablen erfordern. Jedes Unterkommando von NPAR TESTS besteht aus einem spezifischen Testnamen gefolgt von einer Variablenliste. Je nachdem, ob Tests für eine Stichprobe, zwei oder mehrere abhängige oder unabhängige Stichproben gewählt werden, sind bestimmte Anforderungen an die Datenstruktur der Variablen gestellt. Einstichprobentests testen eine Variable, Zweistichprobentests testen eine Variable in zwei Stichproben, Mehrstichprobentests testen eine Variable in mehreren Stichproben. Die Daten müssen bei unabhängigen (unverbundenen) Stichproben so strukturiert sein, daß die jeweiligen Stichproben durch den Wert einer weiteren Variablen definiert sind (Einteilung durch das Schlüsselwort BY), während im Falle abhängiger (verbundener) Stichproben davon ausgegangen wird, daß es sich um die gleichen Fälle handelt und der Vergleich der verbundenen Stichproben durch den Vergleich von zwei oder mehr verschiedenen Variablen (mit dem Schlüsselwort WITH verbunden) stattfindet. Im folgenden sind die möglichen Tests kurz beschrieben.

1) **Einstichprobentests:**

Folgende Tests sind möglich:

CHISQUARE : Einstichproben-Chiquadrat-Test

Nullhypothese: Zwischen beobachteten und erwarteten Häufigkeiten besteht kein Unterschied.

```
NPAR TESTS CHISQUARE=Var.liste[(lo,hi)]/
                       {  EQUAL    }
            [EXPECTED={              }/]
                       {  f1,...,fn }
```

Der Chiquadrat-Test prüft, ob sich die beobachteten und die erwarteten Häufigkeiten bei nominalskalierten Daten signifikant unterscheiden. Hinter der Variablenliste kann ein kleinster und größter Wert angegeben werden, so daß für jeden Wert innerhalb dieses Bereiches eine Kategorie mit ganzzahligem Wert gebildet wird, d.h. bei nichtganzzahligen Werten wird hinter dem Komma abgeschnitten. Ohne diese Angabe wird jeder Wert als Kategorie betrachtet. Außerdem können mit dem Schlüsselwort EXPECTED die erwarteten Häufigkeiten für jede Kategorie spezifiziert werden, d.h. es sind soviel erwartete Häufigkeiten anzugeben wie Wertekategorien in den Daten auftreten. Werden gleiche Häufigkeiten für alle Kategorien erwartet, d.h. alle Zellen sind gleichbesetzt, so kann EQUAL spezifiziert werden.

RUNS : Runs-Test

Nullhypothese: Die Reihenfolge der Beobachtungen ist zufällig.

```
NPAR TESTS RUNS (Trennwert)=Var.liste/
```

Für eine zweiwertige ("dichotome") Variable ist ein Run eine Serie gleicher Ausprägungen, er wird abgelöst von einem Run mit der anderen Ausprägung; z.B. enthält die Folge |1 1|0 0|1|0| vier Runs. Mit dem Runs-Test wird die Anzahl der Wechsel zwischen den beiden möglichen Werten der Variablen bestimmt. Es wird getestet, ob auffallend (wenige oder) viele Wechsel vorliegen. Um die Variablen zu dichotomisieren, muß ein Trennwert spezifiziert werden, so daß alle Fälle mit Werten unterhalb dieses Wertes die erste Gruppe und alle Fälle mit gleichen oder größeren Werten die zweite Gruppe bilden. Werden hier die Schlüsselwörter MEAN, MEDIAN und MODE angegeben, so bilden der beobachtete Mittelwert der Variablen bzw. der beobachtete Median bzw. der beobachtete Modus den Trennwert.

K-S : Kolmogorov-Smirnov-Einstichprobentest

Nullhypothese: Es besteht kein Unterschied zwischen der theoretischen (kumulativen) Verteilung und den beobachteten Daten.

```
NPAR TESTS K-S (Verteilung[Parameter])=Var.liste/
```

Der K-S-Test vergleicht die diskrete Verteilungsfunktion einer Variablen mit einer spezifizierten Verteilungsfunktion: der Gleichverteilung, der Normalverteilung oder der Poissonverteilung. Der K-S-Z-Wert wird von der größten Differenz (in absoluten Werten) zwischen der beobachteten kumulativen und der theoretischen Verteilungsfunktion gebildet. Folgende Verteilungen sind möglich:
Gleichverteilung (UNIFORM)   : min. Wert, max. Wert
Normalverteilung (NORMAL)   : Mittelwert, Standardabweichung
Poissonverteilung (POISSON) : Mittelwert
Wird kein Parameter angegeben, so werden die entsprechenden Schätzwerte aus der Stichprobe berechnet und hier eingesetzt.

BINOMIAL : Binomialtest

Nullhypothese: Zwischen beobachteten und erwarteten Häufigkeiten besteht kein Unterschied.

```
NPAR TESTS BINOMIAL[(p)]=Var.liste(Wert
              oder Wert1,Wert2)/
```

Der Binomialtest testet, ob bei dichotomen Variablen ein signifikanter Unterschied zwischen den beobachteten Häufigkeiten und den erwarteten

Häufigkeiten unter Annahme einer Binomialverteilung besteht. p gibt den Anteil der Fälle, die in der ersten Kategorie erwartet werden, an. Bei dichotomen Variablen werden die beiden Kategorien durch Angabe von zwei Werten bestimmt, bei zu dichotomisierenden Variablen durch Angabe eines Wertes (wie bei RUNS).

2a) Verbundene Zweistichprobentests

Folgende Tests sind möglich:

SIGN   : Vorzeichentest

> Nullhypothese: Die Anzahl der positiven und negativen Differenzen unterscheidet sich nicht.

```
NPAR TESTS SIGN=Var.liste [WITH Var.liste]/
```

> Für jedes Paar von Variablen wird die Differenz der Werte gebildet, und es werden die Zahl der negativen und positiven Differenzen gezählt, wobei Differenzen gleich Null ignoriert werden.

MCNEMAR   : McNemar-Test

> Nullhypothese: Die Wahrscheinlichkeit des Wechsels von der ersten zur zweiten Kategorie unterscheidet sich nicht von der Wahrscheinlichkeit des Wechsels von der zweiten zur ersten Kategorie.

```
NPAR TESTS MCNEMAR=Var.liste[WITH Var.liste]/
```

> Der McNemar-Test operiert also jeweils auf einem Paar dichotomer Variablen; auf die Berechnungen wirken sich nur jene Beobachtungen aus, die ungleiche ("wechselnde") Ausprägungen aufweisen.

WILCOXON   : Wilcoxon-Test

> Nullhypothese: Die Mittelwerte der Ränge zu positiven und negativen Differenzen unterscheiden sich nicht.

```
NPAR TESTS WILCOXON=Var.liste[WITH Var.liste]/
```

> Beim Wilcoxon-Test werden (positiv oder negativ ausfallende) Differenzen zwischem einem Paar von Variablen berechnet, bezüglich des Betrages der Differenzen wird eine Rangordnung gebildet, und es wird getestet, ob sich die Mittelwerte der Ränge zu positiven und negativen Differenzen unterscheiden.

2b) Unverbundene Zweistichprobentests

Folgende Tests sind möglich:

MEDIAN : Median-Test

Nullhypothese: Die Mediane beider Stichproben sind gleich.

```
NPAR TESTS MEDIAN[(Wert)]=Var.liste
BY Variable(Wert1,Wert2)/
```

Beim Median-Test wird überprüft, ob die beiden unabhängigen Stichproben aus einer Population stammen könnten. Es wird eine 2*2-Kontingenztabelle erstellt, welche die Zahl der Fälle, die größer als der Median sind, und die Zahl der Fälle, die kleiner gleich dem Median sind, enthält. Bei mehr als 30 Fällen wird ein Chiquadrat-Wert ausgedruckt, sonst wird ein exakter Test nach Fisher durchgeführt. Nach dem Schlüsselwort MEDIAN kann ein Testmedian angegeben werden, sonst wird der berechnete Median genommen. Die beiden spezifizierten Werte hinter dem Variablennamen geben die Einteilung für die Gruppen an.

M-W : Mann-Whitney-U-Test

Nullhypothese: Die beiden Stichproben stammen aus Populationen mit gleicher Verteilung.

```
NPAR TESTS M-W=Var.liste BY Var.(Wert1,Wert2)
```

Beim M-W-Test werden die Fälle zweier Stichproben in eine gemeinsame Rangfolge gebracht; und es werden der mittlere Rangplatz der abhängigen Variablen in jeder Gruppe, U-Wert, Z-Wert und der p-Wert bei zweiseitigem Signifikanztest angegeben. Der U-Test wird gerne herangezogen, wenn die Normalverteilungs-Voraussetzung bzgl. des t-Tests angezweifelt wird.

K-S : Kolmogorov-Smirnov-Zweistichprobentest

Nullhypothese: Die beiden Stichproben stammen aus Populationen mit gleicher Verteilung.

```
NPAR TESTS K-S=Var.liste BY Var.(Wert1,Wert2)
```

Der K-S-Test prüft, ob die beiden Stichproben aus Populationen mit unterschiedlichen Verteilungen stammen. Als Testwert dient das Maximum der absoluten Differenz der beiden empirischen kumulativen Verteilungsfunktionen.

W-W : Wald-Wolfowitz-Runs-Test

> Nullhypothese: Die beiden Stichproben stammen aus Populationen mit gleicher Verteilung.

```
NPAR TESTS W-W=Var.liste BY Var.(Wert1,Wert2)/
```

Der W-W-Test prüft anhand der Anzahl der Runs (der Gruppenzugehörigkeit) bei der Rangordnung (bzgl. der Variablenwerte), ob die beiden Stichproben aus verschiedenen Populationen mit unterschiedlicher Verteilung stammen. Er kann alternativ zum K-S-Test eingesetzt werden.

MOSES : Moses-Test auf extreme Reaktionen

> Nullhypothese: Bei der Versuchsgruppe liegen keine extremeren Reaktionen vor als bei der Kontrollgruppe.

```
NPAR TESTS MOSES[(n)]=Var.liste BY Var.(Wert1,Wert2)/
```

Beim Moses-Test wird geprüft, ob in der Versuchsgruppe (in der Regel beidseitig) extreme Reaktionen vorliegen. Dabei wird die erste Gruppe als Kontrollgruppe und die zweite als Versuchsgruppe angesehen, wobei n (Voreinstellung 5%) angibt, wieviele Fälle von jeder Seite ausgeschlossen werden sollen.

3a) Verbundene Mehrstichprobe

Folgende Tests sind möglich:

COCHRAN : Cochran-Q-Test

> Nullhypothese: Bei keiner Variablen weicht das Verhältnis der Häufigkeiten von den übrigen ab.

```
NPAR TESTS COCHRAN=Var.liste/
```

Beim Cochran-Q-Test wird getestet, ob bei dichotomen Variablen das Verhältnis der Erfolgshäufigkeiten bzgl. einer Variablen von den übrigen abweicht.

FRIEDMAN : Friedman-Test

> Nullhypothese: Alle Stichproben stammen aus der gleichen Population.

```
NPAR TESTS FRIEDMAN=Var.liste/
```

Nichtparametrische Tests, NPAR TESTS

Mit der Friedman'schen Rangvarianzanalyse wird getestet, ob alle Stichproben aus der gleichen Population stammen. Dabei werden die Variablen für jeden Fall in eine Rangordnung gebracht, und für jede Variable wird die mittlere Rangzahl ermittelt.

KENDALL : Kendall'scher Konkordanzkoeffizient

Nullhypothese: Zwischen den Beurteilern besteht ein hoher Grad an Übereinstimmung.

```
NPAR TESTS KENDALL=Var.liste/
```

Für die Variablenliste wird ein Konkordanzkoeffizient über alle Fälle berechnet, der den Grad der Übereinstimmung zwischen mehreren Beurteilern angibt. Jeder Fall wird als Beurteiler vieler Beurteilten (Variablen) betrachtet.

3b) Unverbundene Mehrstichprobentests

Folgende Tests sind möglich:

MEDIAN : Median-Test

Nullhypothese: Alle Stichproben haben den gleichen Median.

Dieser Test stellt eine Ausweitung des Zweistichprobentests dar und entspricht im Aufbau und Ausdruck der Ergebnisse dem Median-Test bei zwei unabhängigen Stichproben.

K-W : Kruskal-Wallis Einwegvarianzanalyse

Nullhypothese: Alle Stichproben haben den gleichen Median.

```
NPAR TESTS K-W=Var.liste BY Var.(Wert1,Wert2)/
```

Der Test von Kruskal-Wallis stellt eine Ausweitung des M-W-Tests auf mehr als zwei unabhängige Stichproben dar. Anhand einer gemeinsamen Rangordnung wird getestet, ob alle Stichproben einer Population entstammen.

Liste der Optionen:

1 : Fehlende Werte werden eingeschlossen.
2 : Fehlende Werte werden listenweise ausgeschlossen.
3 : Bei verbundenen Stichproben wird eine spezielle Zuordnung der Variablenpaare durchgeführt. Falls eine einfache Variablenliste angegeben wird, werden nur Paare von aufeinanderfolgenden Variablen getestet. Bei Angabe von WITH wird die erste Variable der ersten Liste mit der ersten der zweiten Liste getestet usw..
4 : Falls der verfügbare Speicher nicht ausreicht, um alle Fälle in die Tests einzubeziehen, wird eine Zufallsstichprobe gezogen. Runs ignoriert diese Option, da dieses Verfahren dort nicht sinnvoll ist.

Liste der Statistiken:

1 : Für jede genannte Variable werden Mittelwert, Maximum, Minimum und Standardabweichung berechnet.
2 : Für jede Variable werden die Zahl der Fälle sowie Median und Quartile ausgedruckt.

```
//*                   Beispiel 7
// EXEC SPSSX
//SFILE DD DSN=URZ27.SKURS,DISP=SHR
TITLE 'Statistische Datenanalyse mit dem SPSS-X'
SUBTITLE  'Nichparametrische Tests mit NPAR TESTS'
SET LENGTH=NONE
GET FILE=SFILE
RECODE GESCHL ('M'=1) (ELSE=2) INTO NGESCHL
VALUE LABEL NGESCHL 1 'maennlich' 2 'weiblich'
SUBTITLE 'Tests auf Guete der Anpassung'
NPAR TESTS
 CHISQUARE=BEGR1(1,10)/EXPECTED=EQUAL/
 CHISQUARE=GEBMON(1,12)/EXPECTED=EQUAL/
 K-S(UNIFORM 1 12)=GEBMON/
 K-S(UNIFORM 1 10)=BEGR1/
 K-S(NORMAL)=GROESSE/
 RUNS(1.5)=NGESCHL/
SUBTITLE 'Zweistichproben-Problem fuer abhaengige Stichproben'
NPAR TESTS SIGN=DEUTSCH MATHE/
 WILCOXON=ABSTD WITH ANSTD/
SUBTITLE 'Zweistichproben-Problem fuer unabhaengige Stichproben'
NPAR TESTS MEDIAN(177)=GROESSE BY NGESCHL(1,2)/
 M-W=ALTER GROESSE BY NGESCHL(1,2)/
SUBTITLE 'k-Stichprobenproblem fuer unabhaengige Stichproben'
NPAR TESTS K-W=GROESSE BY GEBMON(5,9)/
SUBTITLE 'Test auf Guete der Anpassung'
TEMPORARY
COMPUTE WOCHENTG=MOD( YRMODA(BPAJAHR,BPAMON,BPATAG)-4,7) +1
VALUE LABEL WOCHENTG 1 'Mo' 2 'Di' 3 'Mi' 4 'Do' 5 'Fr' 6 'Sa' 7 'So'
COMMENT alternativ ( mit Datums-Funktionen):
   COMPUTE WOCHENTG=XDATE.WKDAY(DATE.MDY(BPAMON,BPATAG,BPAJAHR))
   VALUE LABEL WOCHENTG 2 'Mo' 3 'Di' 4 'Mi' 5 'Do' 6 'Fr' 7 'Sa' 1 'So'
COMPUTE UNGERADE=MOD(GEBMON,2)
 /* ODER   COUNT UNGERADE=GEBMON(1 3 5 7 9 11) */
VALUE LABEL UNGERADE 0 'gerader Monat' 1 'ungerader Monat' /
NPAR TESTS CHI-SQUARE=WOCHENTG(1,7)/
   BINOMIAL  =UNGERADE(0,1) /* Ausgabe vor Release 2.2 kritisch pruefen!
//*             Ende Beispiel 7
```

Beispiel 7: Beispiel für den Aufruf der Prozedur NPAR TESTS

Dateienverarbeitung

7.0 Dateienverarbeitung

7.1 AGGREGATE

Die Prozedur AGGREGATE berechnet für Gruppen von Fällen deskriptive Statistiken und speichert diese in einem SPSS^X-System File. Zur Kennzeichnung dieser Gruppen müssen eine oder mehrere Gruppierungsvariablen angegeben werden, nach denen die Daten (eventuell mit Hilfe von SORT CASES) sortiert vorliegen müssen.
Der von AGGREGATE erzeugte System File hat dann soviele Fälle, wie es bei den Gruppierungsvariablen unterschiedliche Kategorien (bzw. Kategorienkombinationen) gibt. Die Variablen dieser aggregierten Datei sind dann neben der/den Gruppierungsvariablen die berechneten deskriptiven Statistiken. Interessant kann die Anwendung von AGGREGATE u.a. im Zusammenhang mit MATCH FILES sein (vgl. Beispiel 8, S. 98).

Allgemeiner Aufbau der Prozedur AGGREGATE:

```
                  {Dateiname}
AGGREGATE OUTFILE={          }
                  {    *     }
         / [MISSING = COLUMNWISE]
         /  BREAK = Var.Liste
         /  agg.Var. ['label'] ... = Funktion(Var.Liste) ...
```

Beschreibung der Unterkommandos:

OUTFILE
Ausgabe der Datei für den System File der aggregierten Daten.
Sofern ein Dateiname spezifiziert wird, kann dieser später wie andere System Files von SPSS^X-Prozeduren aufgerufen werden. Bei OUTFILE = * wird die aggregierte Datei zum active file.

BREAK
Es werden die Gruppierungsvariablen angegeben, die die Gruppen definieren. Alle hintereinanderliegenden Fälle, die für die angegebene(n) Variable(n) die gleichen Werte haben, werden zu einer Gruppe zusammengefaßt. Daher ist es in der Regel erforderlich, daß die Daten nach den Gruppierungsvariablen sortiert vorliegen. (Gegebenenfalls rufe man zuvor SORT CASES auf). Vorhandene Spezifikationen von Missing Values bei den Gruppierungsvariablen werden grundsätzlich ignoriert, d.h. auch für Missing values in der Gruppierungsvariablen werden Gruppen gebildet.

Dateienverarbeitung

Erzeugen von aggregierten Variablen
Die allgemeine Spezifikation für die aggregierten Variablen lautet:

```
/ agg.Var. ['label'] ... = Funktion(Var.liste)
/ ...
```

Agg.Var. steht dabei für den Variablennamen einer aggregierten Variablen (eventuell gefolgt von einem in Hochkomma eingeschlossenem Text für das zugehörige VAR LABEL). Wie diese Variable zu berechnen ist, steht rechts vom '='-Zeichen:
Funktion gibt an, welche der verschiedenen deskriptiven Statistiken zu berechnen sind und die in Klammern angegebene Variablenliste enthält diejenigen Variablen, für die diese Statistik zu berechnen ist. Diese Variablenliste korrespondiert mit der links vom '='-Zeichen stehenden Liste der aggregierten Variablen.

Beispiele

```
Y = MEAN(GROESSE) /
X1 TO X10 = SUM(X1 TO X10) /

GALTER 'DURCHSCHNITTSALTER'
GROESSE 'DURCHSCHNITTSGROESSE' = MEAN(ALTER,GROESSE)
```

Folgende deskriptive Statistiken stehen zur Verfügung:

SUM (Var.liste)	Summe über alle Fälle.
MEAN (Var.liste)	Mittelwert über alle Fälle.
SD (Var.liste)	Standardabweichung über alle Fälle.
MAX (Var.liste)	Maximum über alle Fälle.
MIN (Var.liste)	Minimum über alle Fälle.
PGT (Var.liste,Wert)	Prozentualer Anteil der Fälle, deren Wert größer als der angegebene Wert ist.
PLT (Var.liste,Wert)	Prozentualer Anteil der Fälle, deren Wert kleiner als der angegebene Wert ist.
PIN (Var.liste,Wert1,Wert2)	Prozentualer Anteil der Fälle, deren Wert zwischen Wert1 und Wert2 liegt.
POUT (Var.liste,Wert1,Wert2)	Prozentualer Anteil der Fälle, deren Wert nicht zwischen Wert1 und Wert2 liegt und die keinen dieser Werte annehmen.
FGT (Var.liste,Wert)	Anteil der Fälle, deren Wert größer als der angegebene Wert ist.
FLT (Var.liste,Wert)	Anteil der Fälle, deren Wert kleiner als der angegebene Wert ist.
FIN (Var.liste,Wert1,Wert2)	Anteil der Fälle, deren Wert zwischen Wert1 und Wert2 liegt.
FOUT (Var.liste,Wert1,Wert2)	Anteil der Fälle, deren Wert nicht zwischen Wert1 und Wert2 liegt und die keinen dieser Werte annehmen.
N (Var.liste)	Gewichtete Anzahl der Fälle in der Gruppe.
NU (Var.liste)	Ungewichtete Anzahl der Fälle in der Gruppe.
NMISS (Var.liste)	Gewichtete Anzahl der Fälle mit Missing values.
NUMISS (Var.liste)	Ungewichtete Anzahl der Fälle mit Missing values.
FIRST (Var.liste)	Erster nichtfehlender beobachteter Wert in der Gruppe.
LAST (Var.liste)	Letzter nichtfehlender beobachteter Wert in der Gruppe.

Dateienverarbeitung

Folgt dem Namen der Funktion ein Punkt (z.B. MEAN.(Var.name)), so werden bei der Berechnung User-missing-values als gültige Werte behandelt.

MISSING
Die Angabe MISSING = COLUMNWISE folgt, sofern sie verwendet wird, der OUTFILE-Spezifikation. Sie bewirkt, daß eine aggregierte Variable den System-missing-value erhält, falls nur ein Fall der aggregierten Gruppe einen Missing-value für die entsprechende Variable hat.
Als Voreinstellung werden Missing-values lediglich aus den Berechnungen der einzelnen Statistiken ausgeschlossen.
Angaben über Missing-values bei den Gruppierungsvariablen werden ignoriert. Es werden also auch hierfür Gruppen gebildet.
Ein Beispiel für die Prozedur AGGREGATE findet sich im Anschluß an MATCH FILES im nächsten Abschnitt.

7.2 MATCH FILES

Mit dem Kommando MATCH FILES können die Informationen von zwei oder mehreren Dateien zu einer einzelnen Datei zusammengefügt werden. Ähnlich wie bei den Transformationskommandos werden die Dateien aber nicht gelesen und die Ergebnisdatei nicht erstellt, wenn das MATCH FILES-Kommando erscheint, sondern SPSS^X liest nur das Inhaltsverzeichnis der Dateien ein. Die Ergebnisdatei wird erst dann erstellt, wenn die Daten durch ein Prozedurkommando oder durch das Kommando SAVE gelesen werden.
Es ist möglich, Variablen von parallelen und nichtparallelen Dateien miteinander zu kombinieren.
Bei parallelen Dateien stimmen die Zahl und die Reihenfolge der Fälle überein, aber es liegen verschiedene Variablennamen vor. Um parallele Dateien zusammenzufügen, benötigt MATCH FILES nur das Unterkommando FILE, welches die Datei nennt, die mit anderen zusammengefügt werden soll, und bei jeder Datei angegeben werden muß.

Beispiel:

```
MATCH FILES FILE=TEST1/FILE=TEST2
```

In diesem Beispiel werden die (parallelen) Dateien TEST1 und TEST2, bei denen die Fälle in gleicher Reihenfolge und lückenlos vorliegen müssen, miteinander kombiniert.
Bei nichtparallelen Dateien fehlen Fälle, die in einer Datei vorkommen, in der anderen Datei, oder es kommen in der einen oder anderen Datei Fälle mehrfach vor. In diesem Fall können die Dateien über einen Schlüssel ('key') zusammengefügt werden. Der Schlüssel besteht aus einer oder mehreren Variablen, die die Fälle identifizieren. Falls gewährleistet ist, daß alle behandelten Files nach dem Schlüssel sortiert vorliegen, können die Fälle zusammengefügt werden, andernfalls müssen die Dateien mit SORT CASES erst sortiert und gegebenenfalls mit SAVE temporär zwischengespeichert werden (wie in dem nachfolgendem Beispiel). Für nichtparallele MATCH FILES sind die Unterkommandos FILE und BY erforderlich. BY spezifiziert die Variablen, die als 'key' benutzt werden. Die Schlüsselvariablen müssen den gleichen Namen auf allen Dateien haben. FILE spezifiziert die Dateien, die zusammengefügt werden (wie bei parallelen Dateien). Die Ergebnisdatei enthält also alle Variablen, die in irgendeiner der beteiligten Dateien (nach evtl. Anwendung von DROP, KEEP) vorkommen.

Dateienverarbeitung

Folgende optionale Schlüsselwörter können als weitere Spezifikationen angegeben werden:

FILE : Spezifiziert die Dateien, die kombiniert werden sollen. Angegeben werden müssen die Dateinamen von System Files oder '*' zur Bezeichnung des active file.

TABLE : Spezifiziert Dateien, die als "Table lookup file" Informationen enthalten, die den Fällen der mit FILE= bezeichneten Dateien mit Hilfe der key-Variablen angefügt werden.
Beispiel (Anfügen z.B. des Ortsnamens, der Telefonvorwahlnummer usw. über die Postleitzahl als "key" an eine Adressdatei Kunden (die dann lediglich die Postleitzahl ihres Wohnsitzes als Variable enthalten müssen)):

```
MATCH FILES FILE=Kunden / TABLE=Orte / BY PLZ
```

RENAME : Variablen, deren Name auf mehreren Files, die zusammengefügt werden, gleich ist, heißen Common-Variablen. Bei parallelen MATCH FILES werden automatisch die Werte der Common-Variablen des ersten Files übernommen. Mit RENAME kann den Variablen ein anderer Name gegeben werden, z.B. falls gleiche Variablen nicht den gleichen Namen auf allen Dateien haben oder verschiedene Variablen den gleichen Namen haben.

```
RENAME (alte Var.=neue Var.)...
```

DROP, KEEP : Falls Variablen nicht in allen Dateien existieren, können diese mit dem DROP-Kommando gelöscht werden, oder es kann mit dem KEEP-Kommando eine Teilmenge der Variablen, die in allen Dateien vorkommen, ausgewählt werden.

MAP : Durch das Unterkommando MAP wird die Ergebnisdatei beschrieben. Namen und Reihenfolge der Variablen, die ursprüngliche Datei der Variablen und der ursprüngliche Name werden aufgelistet.

IN : Mit dem IN-Kommando wird eine Variable geschaffen, die für jede verkettete Datei angibt, ob ein Fall aus dieser Datei einen Beitrag erhielt oder nicht. Das IN-Kommando gehört zu der zuletzt vorher mit FILE genannten Datei und schafft eine Variable, die den Wert 1 für jeden Fall hat, der aus der zugehörigen Datei stammt, und den Wert 0, falls der Fall nicht von der Datei kommt.

Beispiel (vgl. Beispiel 8):

```
SORT CASES BY GESCHL
AGGREGATE OUTFILE=TEMP1/BREAK=GESCHL/
 MW ML MK=MEAN(WEITSPR LAUF100M KSTOSS)
COMMENT anfuegen der Mittelwerte m.H. MATCH FILES (Table-Option)
MATCH FILES FILE=* / TABLE=TEMP1/ BY GESCHL
```

7.3 ADD FILES

Mit dem Kommando ADD FILES können zwei oder mehrere System Files bzw. der active File mit einem oder mehreren System Files hintereinander verkettet werden, d.h. die Fälle einer Datei werden an das Ende einer anderen Datei hinzugefügt. Jede Datei, die verkettet werden soll, muß mit dem notwendigen Unterkommando FILE genannt werden.

```
ADD FILES FILE=Datei/.../FILE=Datei/
```

Folgende optionale Schlüsselwörter können (wie bei MATCH FILES, vgl. 7.2) als weitere Spezifikationen angegeben werden:

RENAME   : Falls gleiche Variablen nicht den gleichen Namen auf allen Dateien haben oder verschiedene Variablen den gleichen Namen haben, kann mit RENAME den Variablen ein anderer Name gegeben werden.

DROP, KEEP   : Falls Variablen nicht in allen Dateien existieren, können diese mit dem DROP-Kommando gelöscht werden oder es kann mit dem KEEP-Kommando eine Teilmenge der Variablen, die in allen Dateien vorkommen, ausgewählt werden.

MAP   : Durch das Unterkommando MAP wird eine Beschreibung der Ergebnisdatei erstellt. Namen und Reihenfolge der Variablen, die ursprüngliche Datei der Variablen und der ursprüngliche Name werden aufgelistet.

IN   : Mit dem IN-Kommando wird eine Variable geschaffen, die für jede verkettete Datei angibt, ob ein Fall von dieser Datei stammt oder nicht. Das IN-Kommando gehört zu der letzten vorher mit FILE genannten Datei und schafft eine Variable, die den Wert 1 für jeden Fall hat, der aus der zugehörigen Datei stammt, und den Wert 0, falls der Fall nicht aus der Datei kommt.

8.0 Multivariate Verfahren

8.1 Multiple Regressionsanalyse, REGRESSION

Die Prozedur REGRESSION wird zur Berechnung von schrittweisen linearen Mehrfachregressionen verwendet. Im Modell der linearen Mehrfachregression soll eine Variable Y durch unabhängige Variablen $X_1,...,X_m$ erklärt werden. Y als abhängige Variable wird als Regressand, $X_1,...,X_m$ als unabhängige Variablen werden als Regressoren bezeichnet. Die Grundaufgabe der linearen Mehrfachregression besteht darin, aus n vorliegenden Beobachtungen (Y_i, X_{ij}), ($i=1,...,n$; $j=1,...,m$) einer Stichprobe die Regressionskoeffizienten zu bestimmen. Seien $b_1,...,b_k$ die Schätzwerte für die Regressionskoeffizienten und $\hat{Y_i}$ der durch die Regressionsfunktion für Y_i gelieferte Schätzwert, dann läßt sich die Regressionsfunktion folgendermaßen schreiben:

$$\hat{Y_i} = b_0 + b_1 X_{i1} + ... + b_m X_{im}$$

Theoretische Herleitung zur Berechnung der Regressionskoeffizienten $b_0, b_1,...,b_m$:
Zunächst werden Y_i und X_{ij} in Variablen mit Mittelwert 0 und Standardabweichung 1 transformiert.

$$\eta_i := \frac{Y_i - \bar{Y}}{\sigma_Y} \quad ; \quad \xi_{ij} := \frac{X_{ij} - \bar{X_j}}{\sigma_j} \quad ;$$

Daraus ergibt sich als Regressionsfunktion

$$\hat{\eta}_i = \beta_1 \xi_{i1} + ... + \beta_m \xi_{im}$$

β_i, $i=1,...,m$, werden als standardisierte Regressionskoeffizienten bezeichnet. Falls das Problem für η, ξ gelöst wird, indem die Koeffizienten β_i bestimmt werden, ergeben sich daraus mit

$$b_j := \frac{\sigma_Y}{\sigma_j} \beta_j, (j = 1, ..., m)$$

$$b_0 := \bar{Y} - \sum_{j=1}^{m} b_j \bar{X_j}$$

die unstandardisierten Regressionskoeffizienten $b_0, b_1, ,..., b_m$.

Mit der Methode der kleinsten Quadrate läßt sich die Lösung für η, ξ finden:

Minimiere

$$Q(\beta_1,..., \beta_m) := \sum_{i=1}^{n}(\eta_i - \sum_{j=1}^{m} \beta_j \xi_{ij})^2.$$

Multivariate Verfahren

Nullsetzen der ersten partiellen Ableitungen $\frac{\partial Q}{\partial \beta_i}$ führt auf das *lineare* Gleichungssystem

$$R \cdot \beta = r_Y$$

mit R als symmetrischer Korrelationskoeffizientenmatrix der ξ_i und somit der X_i.

$$R = \begin{bmatrix} r_{11} & r_{12} & \cdots & r_{1m} \\ \vdots & & & \vdots \\ r_{m1} & r_{m2} & \cdots & r_{mm} \end{bmatrix}$$

$r_Y = \begin{bmatrix} r_{1Y} \\ \vdots \\ r_{mY} \end{bmatrix}$ sind die Korrelationskoeffizienten zwischen Y und X_j (j = 1,...,m).

$\beta = \begin{bmatrix} \beta_1 \\ \vdots \\ \beta_m \end{bmatrix}$ sind die standardisierten Regressionskoeffizienten.

Zur Prozedur REGRESSION:

Die Prozedur REGRESSION im SPSS^X ist identisch mit der Prozedur NEW REGRESSION im SPSS9. Sie besitzt eine Vielzahl von Unterkommandos, wodurch STATISTICS- und OPTIONS-Kommandos überflüssig sind.

```
REGRESSION Liste von Unterkommandos mit zusätzlichen Angaben
```

Von den möglichen Unterkommandos, die jeweils durch einen Schrägstrich getrennt werden, sind das VARIABLES-Kommando, das die Variablen nennt, die analysiert werden sollen, das DEPENDENT-Kommando, das die abhängige(n) Variable(n) angibt, und die Angabe der Methode, nach der die Variablen ausgewählt werden, erforderlich. Alle anderen Unterkommandos haben entweder voreingestellte Werte oder sind optional.
Im folgenden werden die Voreinstellungen, die gelten, wenn ein Unterkommando nicht genannt wird, mit ** gekennzeichnet und Voreinstellungen, die eintreten, wenn ein Unterkommando ohne weitere Spezifikation genannt wird, mit * gekennzeichnet.

Beschreibung der Unterkommandos:

VARIABLES

Das Unterkommando VARIABLES gibt die in die Berechnungen einzubeziehenden Variablen an und muß vor dem DEPENDENT-Unterkommando und der Angabe der Methode spezifiziert werden. Von der Prozedur REGRESSION ist zu diesen Variablen die Korrelationsmatrix zu berechnen (oder einzulesen).

Multivariate Verfahren

```
VARIABLES=Var.liste
```

Anstelle der Variablenliste kann das Schlüsselwort (COLLECT) oder (PREVIOUS) angegeben werden. Bei Angabe von (COLLECT) werden sämtliche auf dem DEPENDENT-Kommando und auf den Methodenunterkommandos genannten Variablen berücksichtigt, bei Angabe von (PREVIOUS) werden die Variablen genommen, die auf dem vorhergehenden VARIABLES-Kommando genannt wurden.

DEPENDENT

```
DEPENDENT=Var.liste
```

Mit dem DEPENDENT-Unterkommando wird festgelegt, welche der einbezogenen Variablen abhängige Variablen sein sollen. Falls eine Liste von abhängigen Variablen angegeben wird, wird für jede Variable eine Regressionsanalyse mit den gleichen unabhängigen Variablen und den gleichen Methoden durchgeführt. Alle Methoden werden zunächst für die erste Variable, dann für die zweite usw. ausgeführt. Keine der Variablen, die auf dem DEPENDENT-Kommando genannt werden, wird als unabhängige Variablen in die Analyse einbezogen.
Einem VARIABLES-Kommando können mehrere DEPENDENT-Kommandos folgen.

Die Methoden-Unterkommandos

Für die Angabe der Methode oder der Kombination von Methoden, nach der die Variablen für die Regressionsanalyse ausgewählt werden (schrittweise Regressionsanalyse) , kann eines oder mehrere der folgenden Unterkommandos spezifiziert werden. Falls REMOVE oder VARIABLES = (COLLECT) spezifiziert wird, muß dem Unterkommando eine Variablenliste folgen, andernfalls ist sie optional. Alle Variablen, die innerhalb des Toleranzkriteriums liegen, gelten als Kandidaten für den Einbezug in die Analyse.
Sechs Methoden für den Aufbau der Menge der unabhängigen Variablen sind bei REGRESSION möglich:

FORWARD[= Var.liste]:
Die Variablen werden in der Reihenfolge ihres F-Wertes in die Regressionsanalyse aufgenommen, d.h. Variablen mit dem größten F-Wert werden zuerst aufgenommen, wenn dieser Wert das Kriterium PIN unterschreitet.

BACKWARD[= Var.liste]:
Zunächst werden alle Variablen in die Regressionsanalyse aufgenommen und dann in der Reihenfolge ihres F-Wertes (Variablen mit dem kleinsten F-Wert werden zuerst entfernt) entfernt, solange das Kriterium FOUT überschritten (bzw. POUT unterschritten) ist.

STEPWISE[= Var.liste]:
Die genannten Variablen (oder die bei VARIABLES genannten und bei DEPENDENT nicht genannten) werden bei jedem Schritt auf Ausschluß und Aufnahme nach den über CRITERIA bestimmten Grenzen überprüft.

ENTER[= Var.liste]:
Alle unabhängigen Variablen, die das Toleranzkriterium erfüllen, werden in die Analyse einbezogen. Bei Angabe einer Variablenliste werden diese Variablen bei der Regressionsanalyse betrachtet.

Multivariate Verfahren

REMOVE = Var.liste:
Die genannten Variablen werden en bloc aus der Regressionsanalyse ausgeschlossen.

TEST:
Die Angabe TEST bietet eine bequeme Möglichkeit, für eine Vielzahl von Gruppen von unabhängigen Variablen Signifikanztests durchzuführen. Die zu prüfenden Gruppen werden in Klammern angegeben, wobei innerhalb der verschiedenen Gruppen dieselben Variablen enthalten sein können. Die Prozedur geht so vor, daß ein volles Modell aus der Vereinigung aller Variablen in allen Gruppen gebildet wird, und daß für jede Gruppe geprüft wird, ob sie aus dem vollen Modell entfernt werden kann.
Beispiel:

```
REGRESSION VARIABLES=LAUF100M TO KSTOSS GROESSE/
           DEPENDENT=WEITSPR/ STEPWISE/
           TEST=(LAUF100M,GROESSE) (KSTOSS,GROESSE)
```

Drei Unterkommandos können dem VARIABLES-Unterkommando vorausgehen: MISSING, DESCRIPTIVES und SELECT.

MISSING

```
MISSING=Verfahren
```

Mit MISSING wird die Behandlung fehlender Werte bestimmt. Folgende Verfahren sind möglich:
INCLUDE   : Einbeziehung fehlender Werte als gültige Betrachtungen.
LISTWISE   : Vollständiger Ausschluß von Fällen mit fehlenden Werten.
PAIRWISE   : Bei der Berechnung der Korrelationskoeffizienten bleiben Wertepaare mit wenigstens einem fehlendem Wert unberücksichtigt.
MEANSUBSTITUTION   : Ersetzung fehlender Werte durch den Mittelwert der entsprechenden Variablen.

DESCRIPTIVE

```
DESCRIPTIVE=Angabe(n)
```

Mit DESCRIPTIVE werden die zu berechnenden Statistiken der Variablen, die mit VARIABLES genannt wurden, angegeben.
Folgende Angaben sind möglich:
NONE**   : Kein Ausdruck von statistischen Werten. Dieses Schlüsselwort wird benötigt, um für eine zweite Analyse innerhalb eines Prozeduraufrufs die Angaben bei der ersten Analyse zu löschen.
DEFAULTS*   : MEAN, STDDEV, CORR
MEAN   : Mittelwerte der Variablen
STDDEV   : Standardabweichungen der Variablen
VARIANCE   : Varianz der Variablen
CORR   : Korrelationsmatrix
SIG   : Einseitige Signifikanzniveaus der Korrelationen.
BADCORR   : Korrelationsmatrix nur, wenn nicht berechenbare Korrelationen auftreten.

COV   : Kovarianzmatrix
XPROD   : Summe der Abweichungsprodukte vom Mittelwert
N   : Fallzahlen zur Berechnung der Korrelationen (ist wichtig für paarweisen Ausschluß fehlender Werte oder Ersatz durch Mittelwert).

SELECT

```
SELECT=Angabe
```

Mit SELECT kann eine Teilmenge der Fälle zur Berechnung der Regressionsgleichung ausgewählt werden. Residuen und geschätzte Werte werden auch für den Rest der Fälle berechnet und ausgedruckt.
Folgende Angaben sind möglich:

- Variablenname Vergleichsoperator Wert:
  Es werden die Fälle zur Berechnung der Regressionsgleichung herangezogen, für die die Relation zutrifft. Als Vergleichsoperatoren sind die bei IF beschriebenen zulässig.
- (ALL):
  Für ein weiteres VARIABLES-Kommando werden wieder alle Fälle einbezogen.

Die drei folgenden Unterkommandos können zwischen das VARIABLES- und das DEPENDENT-Unterkommando gestellt werden.

CRITERIA

```
CRITERIA =Angabe(n)
```

Mit CRITERIA können Kriterien zur Aufnahme bzw. zum Ausschluß von Variablen in die Regressionsgleichung geändert werden. Für jede in die Regressionsgleichung aufzunehmende Variable wird die Toleranz (1 - quadrierte multiple Korrelation mit den übrigen unabhängigen Variablen) und die Minimaltoleranz (die kleinste Toleranz, die eine Variable hat, wenn sie in die Analyse einbezogen wird) berechnet. Eine Variable muß beide Toleranztests erfüllen, wenn sie in die Regressionsgleichung aufgenommen werden soll. Ist einer der beiden zu klein, besteht bei Aufnahme die Gefahr von Multikollinearität.
Folgende Schlüsselwörter sind als Angabe möglich:

DEFAULTS**   : PIN(0.05), POUT(0.1), TOLERANCE(0.01)
PIN(Wert)   : Minimales Signifikanzniveau für F-to-enter, mit dem eine Variable eben noch in die Regressionsgleichung aufgenommen wird. Voreinstellung: 0.05
POUT(Wert)   : Maximales Signifikanzniveau für F-to-remove, mit dem eine Variable eben noch in der Regressionsgleichung belassen wird. Voreinstellung: 0.1
FIN(Wert)   : Statt PIN wird als Kriterium FIN verwendet, das das minimale F-to-enter ist, mit dem eine Variable eben noch aufgenommen wird. Voreinstellung: 3.84
FOUT(Wert)   : Maximales F-to-remove, mit dem eine Variable eben noch beibehalten wird. Voreinstellung: 2.71
TOLERANCE(Wert) : Toleranz. Voreinstellung: 0.01

Multivariate Verfahren

MAXSTEPS(n) : Maximale Anzahl von Schritten, bei denen eine Variable aufgenommen oder entfernt wird. Voreinstellung: Bei STEPWISE die doppelte Anzahl der unabhängigen Variablen, bei FORWARD und BACKWARD die maximale Anzahl der Variablen, für die das PIN und POUT oder FIN und FOUT-Kriterium zutreffen. STATISTICS

| STATISTICS=Angabe(n) |

Mit dem STATISTICS-Kommando werden Statistiken für die Ergebnisse der Regressionsgleichung angefordert. Drei Arten von STATISTICS- Schlüsselwörtern sind möglich: Für den Umfang des Outputs, Statistiken für die Regressionsgleichung und Statistiken für die unabhängigen Variablen.

Schlüsselwörter für den Umfang des Outputs:

DEFAULTS** : R, ANOVA, COEFF, OUTS
LINE : Nach jedem Schritt werden die angeforderten Statistiken ausgedruckt. Der gesamte Output wird am Ende jeder Methode ausgedruckt.
HISTORY : Druckt abschließende Statistiken je Schritt.
END : Die angeforderten Statistiken werden nur nach dem letzten Schritt ausgedruckt.
ALL : Alle Statistiken mit Ausnahme von LABEL, F, LINE und END.

Schlüsselwörter für die Statistiken der Regressionsgleichung:

R** : Multiples r, quadriertes r, adjustiertes r und Standardfehler.
ANOVA** : Varianzanalyse-Tafel
CHA : Unterschied des quadrierten r für aufeinanderfolgende Schritte, F-Wert, Signifikanzniveau
BCOV : Kovarianz- und Korrelationsmatrix für die unstandardisierten Regressionskoeffizienten.
XTX : sogenannte Sweep-Matrix
COND : Untere und obere Grenze des Konditionsindex der Sweep-Matrix.

Schlüsselwörter für Statistiken der unabhängigen Variablen:

COEFF** : unstandardisierte Regressionskoeffizienten, Standardfehler, Beta-Koeffizienten , u.a.
OUTS** : Koeffizienten und Statistiken für nicht in die Regressionsfunktion einbezogene Variablen.
ZPP : Korrelationen zwischen den unabhängigen Variablen und der abhängigen Variablen; einfach, semipartiell und partiell, wobei die jeweils anderen unabh. Variablen auspartialisiert sind.
CI : 95%-Konfidenzintervalle der Regressionskoeffizienten.
SES : Näherungsweise Standardfehler von Beta.
TOL : Toleranz und Minimaltoleranz
LABEL : Druck der Variablenlabel
F : Ausdruck von F-Werten statt der t-Werte.

Multivariate Verfahren

ORIGIN

Das Unterkommando ORIGIN bewirkt, daß die Regressionsgerade durch den Ursprung gelegt wird. (Voreinstellung: NOORIGIN).

Mit den folgenden Unterkommandos RESIDUALS, CASEWISE, SCATTERPLOT, PARTIALPLOT und SAVE kann eine Analyse der Residuen durchgeführt werden. Es können alle oder jedes beliebige dieser Schlüsselwörter in jeder Reihenfolge spezifiziert werden. Für jede Analyse schafft REGRESSION die folgenden 12 temporären Variablen, die auf jedem der 5 Unterkommandos aufgeführt werden können:

PRED	: Unstandardisierte, geschätzte Werte
RESID	: Unstandardisierte Residuen
DRESID	: Gestrichene Residuen
ADJPRED	: Adjustierte, geschätzte Werte
ZPRED	: Standardisierte, geschätzte Werte
ZRESID	: Standardisierte Residuen
SRESID	: t-Werte zu den Residuen
SDRESID	: t-Werte zu den gestrichenen Residuen
SEPRED	: Standardfehler der geschätzten Werte
MAHAL	: Mahalanobis-Distanz
COOK	: Cook-Distanz
LEVER	: Leverage-Werte

RESIDUALS

```
RESIDUALS=Angabe
```

Mit RESIDUALS können verschiedene Statistiken und Druckerplots angefordert werden, die auf den Residuen und den geschätzten Werten für die Regressionsgleichung basieren.
Folgende Spezifikationen sind möglich:

DEFAULTS*	: SIZE(LARGE), DURBIN, NORMPROB(ZRESID), HISTOGRAM(ZRESID) und OUTLIERS(ZRESID)
SIZE(Druckgröße)	: Angabe der Größe des Druckes. Entweder kann SIZE(LARGE) (großer Druck) oder SIZE(SMALL) (kleiner Druck) spezifiziert werden.
HISTOGRAM(Var.liste)	: Histogramm für die temporären Variablen und für andere in der Liste genannte Variablen. Voreinstellung: ZRESID. Weitere mögliche Variablen: PRED, RESID, ZPRED, DRESID, ADJPRED, SRESID, SDRESID
NORMPROB(Var.liste)	: Darstellung von standardisierten Werten im Wahrscheinlichkeitsnetz. Voreinstellung: ZRESID. Weitere mögliche Variablen: PRED, RESID, ZPRED, DRESID, SRESID, ADJPRED, SDRESID.
OUTLIERS(Var.liste)	: Ausdruck der zehn extremsten 'Ausreißer' bei jeder der Variablen. Voreinstellung: ZRESID. Folgende Variablen können noch angegeben werden: RESID, SRESID, SDRESID, DRESID, MAHAL und COOK.
DURBIN	: Durbin-Watson-Test auf Autokorrelation der Residuen.
ID(Var.name)	: Die Werte der genannten Variable dienen dazu, die Fälle bei den Ausreißern und bei CASEWISE zu kennzeichnen. Es kann jede Variable des Files angegeben werden.

Multivariate Verfahren

POOLED : Plots und Statistiken für ausgewählte und nichtausgewählte Fälle werden ausgegeben.

CASEWISE

```
CASEWISE=Angabe(n)
```

Mit CASEWISE können fallweise Graphiken der temporären Residualvariablen ausgegeben werden, wobei ihre Werte sowie die der abhängigen Variablen und der ID-Variablen von RESIDUALS automatisch, die der anderen temporären Variablen wahlweise hinzugefügt werden können.
Folgende Angaben sind möglich:

DEFAULTS* : OUTLIERS(3), PLOT(ZRESID), DEPENDENT, PRED und RESID

OUTLIERS(Wert) : Nur 'Ausreißer' (Residuen, deren standardisierter, absoluter Wert größer gleich dem angegebenen Wert ist) werden graphisch dargestellt.

PLOT(Var.name) : Die Werte der angegebenen temporären Variablen werden fallweise gedruckt. Voreinstellung: ZRESID; zulässig sind RESID, DRESID, SRESID und SDRESID.

Variablenliste : Die Werte dieser temporären Variablen werden ausgedruckt. Es können Kombinationen der 12 temporären Variablen spezifiziert werden, obwohl nicht alle 12 ausgegeben werden können. Voreinstellung: DEPENDENT (für die abhängige Variable), PRED und RESID.

SCATTERPLOT

Mit SCATTERPLOT kann eine Reihe von Streuungsdiagrammen der temporären und der Variablen, die in der Regressionsgleichung vorkommen, ausgegeben werden. Falls eine temporäre Variable spezifiziert wird, muß diese durch einen vorangestellten * von den gewöhnlichen Variablen unterschieden werden.
Folgende Spezifikationen sind möglich:

SIZE(SMALL) : Kleiner Druck der Streuungsdiagramme.

SIZE(LARGE) : Großer Druck der Streuungsdiagramme.

(Var.name,Var.name) : Für die spezifizierten Variablen wird ein Streuungsdiagramm erstellt. Die erstgenannte Variable definiert die vertikale Achse, die zweite die horizontale Achse.

PARTIALPLOT

Mit PARTIALPLOT werden Streuungsdiagramme der Residuen der abhängigen und aller unabhängigen Variablen erzeugt. Falls nur Streuungsdiagramme für unabhängige Variablen gewünscht werden, können die Variablen nach dem Unterkommando PARTIALPLOT angegeben werden. Die Diagramme haben das gleiche Format wie bei SCATTERPLOT.

SAVE

Mit dem Unterkommando SAVE können die 12 temporären Variablen gespeichert werden.

```
SAVE temp.Var.(neuer Name),temp.Var.(neuer Name),...
```

Multivariate Verfahren

Es wird zunächst die temporäre Residualvariable und dann ein neuer Name für die Variable angegeben.

WIDTH

Mit WIDTH kann die max. Breite des Ausdruckes festgelegt werden. Die Zeilenlänge kann zwischen 60 und 132 (Voreinstellung) variieren. WIDTH kann an beliebiger Stelle des Prozeduraufrufs stehen und gilt für die ganze Prozedur.

READ

Falls eine oder mehrere Korrelations-oder Kovarianzmatrizen anstelle der Rohdaten eingelesen werden sollen, kann das Unterkommando READ gebraucht werden, falls vorher ein INPUT PROGRAM-Kommando verwendet wurde. Es kann nur ein READ-Unterkommando innerhalb eines Aufrufs der Prozedur REGRESSION angegeben werden. Außerdem muß READ das erste Unterkommando sein, das spezifiziert wird.
Folgende Schlüsselwörter sind als Spezifikation bei READ zugelassen:

DEFAULTS*	: MEAN, STDDEV, CORR und N
MEAN	: Als erstes werden Mittelwerte der Variablen eingegeben.
STDDEV	: Vor der Matrix werden Standardabweichungen eingegeben.
VARIANCE	: Vor der Matrix werden Varianzen eingegeben.
CORR	: Korrelationsmatrix (alternativ zu COV)
COV	: Kovarianzmatrix (alternativ zu CORR, nicht möglich bei paarweiser Behandlung fehlender Daten).
N	: Zahl der Fälle, die bei der Berechnung der Korrelationskoeffizienten gebraucht werden.
INDEX	: Die Matrix wird nach der Anzahl und der Reihenfolge der Variablen, die auf der DATA LIST-Karte genannt wurden, eingegeben. Es wird nur eine Matrix eingelesen.

WRITE

Durch WRITE werden univariate Statistiken, Korrelations-und Kovarianzmatrizen auf eine Datei geschrieben, die vorher durch ein PROCEDURE OUTPUT-Kommando festgelegt wurde.

```
WRITE=Angabe
```

Folgende Angaben sind möglich:

DEFAULTS*	: MEAN, STDDEV, CORR und N
MEAN	: Mittelwerte der Variablen
STDDEV	: Standardabweichungen der Variablen
VARIANCE	: Varianzen der Variablen
CORR	: Korrelationsmatrix
COV	: Kovarianzmatrix
N	: Fallzahlen zur Berechnung der Korrelationen
NONE	: Löscht die Spezifikationen eines vorhergehenden WRITE- Unterkommandos innerhalb eines Prozeduraufrufs.

Ab Version 3 werden READ-/WRITE Unterkommandos zur Ein/Ausgabe von Matrixmaterial durch das MATRIX-Unterkommando ersetzt.(siehe Kap 10.3)

```
//*                     Beispiel 8
// EXEC SPSSX
//SFILE DD DSN=URZ27.SKURS,DISP=SHR
TITLE 'Statistische Datenanalyse mit dem SPSS-X'
SET LENGTH=NONE
GET FILE=SFILE

SUBTITLE '(Schrittweise) multiple Regressionsanalyse'
REGRESSION WIDTH=80/MISSING=MEANSUBSTITUTION/DESCRIPTIVE=DEFAULTS/
 VARIABLES=LAUF100M TO KSTOSS GROESSE/
 CRITERIA=PIN(0.05)  POUT(0.1) TOLERANCE (0.3)/ /* fuer schrittweise
 DEPENDENT=WEITSPR/STEPWISE/
 RESIDUALS=DEFAULTS/SCATTERPLOT=SIZE(SMALL)(*ZRESID,WEITSPR)

REGRESSION WIDTH=80/MISSING=MEANSUBSTITUTION/DESCRIPTIVE=DEFAULTS/
 VARIABLES=FB LAUF100M TO KSTOSS GROESSE/
 CRITERIA=PIN(0.05)  POUT(0.1) TOLERANCE (0.3)/  /* fuer schrittweise
 DEPENDENT=WEITSPR/BACKWARD/

SUBTITLE 'Anfuegen der Mittelwerte im Geschlecht (Beispiel AGGREGATE)'
COMMENT jetzt kommen Feinheiten und Programmiertricks

SORT CASES BY GESCHL
AGGREGATE OUTFILE=TEMP1/BREAK=GESCHL/
 MW ML MK=MEAN(WEITSPR LAUF100M KSTOSS)
COMMENT anfuegen der Mittelwerte m.H. MATCH FILES (Table-Option)
MATCH FILES FILE=*/ TABLE=TEMP1/ BY GESCHL

COMMENT missing values werden durch Mittelwert im Geschlecht ersetzt:
IF (MISSING(LAUF100M)) LAUF100M=ML
IF (MISSING(KSTOSS  )) KSTOSS  =MK
IF (MISSING(WEITSPR )) WEITSPR =ML

REGRESSION STATISTICS = LINE
 /DESCRIPTIVE=DEFAULTS
 /VARIABLES = LAUF100M TO KSTOSS GROESSE
 /DEPENDENT = WEITSPR
 /STEPWISE

RECODE GESCHL ('M'=2)(ELSE=1) INTO NGESCHL
RECODE SPORT (4=3)

SUBTITLE 'und wenn man das mit ANOVA macht '
ANOVA WEITSPR BY NGESCHL(1,2) WITH SPORT          LAUF100M KSTOSS/
      WEITSPR BY NGESCHL(1,2)      SPORT(1,3) WITH LAUF100M KSTOSS/
STATISTICS ALL
//*                 Ende Beispiel 8
```

Beispiel 8: Beispiel für den Aufruf der Prozedur REGRESSION

8.2 Faktorenanalyse, FACTOR

Die Faktorenanalyse, die in den verschiedensten Disziplinen zur Strukturierung umfangreicher Datenmengen eingesetzt wird, zielt auf die Definition hypothetischer Größen, die aus einer Vielzahl beobachteter Einzeldaten abgeleitet und als 'Faktoren' oder 'Dimensionen' bezeichnet werden. Im Unterschied zu anderen multivariaten Verfahren wie etwa der Regressionsanalyse können diese Einflußgrößen nicht unmittelbar gemessen werden, sondern stellen das Ergebnis des faktoranalytischen Modells dar. Die Faktoren als 'hinter den Beobachtungen stehende Größen' sollen die vorgegebenen Daten hinreichend genau abbilden, zugleich ist ihre Anzahl möglichst gering zu halten. Die beiden Forderungen konkurrieren miteinander und verdeutlichen, daß das faktorenanalytische Resultat entscheidend von subjektiven Aspekten abhängig ist.

Während die Faktorenanalyse ursprünglich in der Psychologie zur Identifizierung allgemeiner Intelligenz- und Leistungsfaktoren entwickelt worden ist, wird sie heute in all jenen Situationen eingesetzt, in denen aus einer Vielzahl von Einzelmerkmalen auf zahlenmäßig geringere Gemeinsamkeiten geschlossen werden soll. Ausgangspunkt der Faktorenanalyse sind die Variablenwerte von m Variablen für n Beobachtungen:

$$x_{ij} \ (i=1,...,n; \ j=1,...,m), \ n > m.$$

Nach z-Transformation dieser Variablen

$$z_{ij} = \frac{x_{ij} - \bar{x}_{.j}}{\sigma_j}$$

läßt sich obige Forderung, die beobachteten Ausprägungen z_{ij} als Linearkombination hypothetischer Faktoren f auszudrücken, zunächst durch den folgenden Modellansatz der Hauptkomponentenmethode formulieren:

$$z_{ij} = a_{j1}f_{i1} + ... + a_{jr}f_{ir}, \ 1 \leq r \leq m$$

oder in Matrixform

(1.1) $$Z = F \cdot A'$$

Die (m,r)-Matrix A bezeichnet man auch als Faktorenmuster, ihre Koeffizienten als Faktorenladungen und die Vektoren $f_1, ..., f_r$ als Faktoren sowie die aus ihnen gebildete Matrix F als Matrix der Faktoren. Die Faktorladungen stellen die Korrelationskoeffizienten der Faktoren bezüglich der Variablen dar.

Man rechnet weiter

$$R = \frac{1}{n} Z' \cdot Z = \frac{1}{n} (F \cdot A')' \cdot F \cdot A' = A(\frac{1}{n} \cdot F' \cdot F) \cdot A'.$$

Es wird gefordert, daß die Faktoren unkorreliert sein sollen:

$$\frac{1}{n} \cdot F' \cdot F = I,$$

so daß sich ergibt:

(1.2) $$R = A \cdot A'$$

Multivariate Verfahren

Diese Gleichung wird auch oft als (ein) Fundamentaltheorem der Faktoren- bzw. Hauptkomponentenanalyse bezeichnet.

Seien $\lambda_1 > ... > \lambda_r > 0$ die positiven Eigenwerte der positiv semidefiniten Matrix R (mit dem Rang r) und $u_1,...,u_r$ die zugehörigen orthonormalen Eigenvektoren, welche die Matrix U bilden:

$$R \cdot U = U \cdot \Lambda \text{ mit } \Lambda = diag(\lambda_j) .$$

Durch weitere Rechnung findet man mit $A = U \cdot \Lambda$ eine Lösung der Gleichung (1.2). Eingesetzt in (1.1) lassen sich dann daraus die Faktorenwerte (Hauptkomponentenwerte) berechnen:

(1.3) $$F = Z \cdot U \cdot \Lambda^{(-0.5)}$$

Die Darstellung (1.2) ist nicht eindeutig. Mit orthogonaler (r,r)-Matrix V, für welche also gilt $V' \cdot V = V \cdot V' = I$, gilt Gleichung (1.2) ebenso für $\tilde{A} = A \cdot V$.

Man wählt die Matrix V nun so aus, daß die Matrix $\tilde{A}$ der Faktorenladungen eine besonders einfache Gestalt erhält (Rotation zur Einfachstruktur).

Hierzu existieren eine Reihe von Ansätzen wie etwa die Varimax- oder Equimax-Rotation, die auf verschiedene Art eine solche Transformation erzeugen, daß die Ladungen möglichst nahe bei +1,-1 oder 0 liegen. Fordert man nicht, daß die Faktoren unkorreliert sind, kann die Matrix V auch beliebig nichtsingulär sein (Schiefwinklige Rotation) . Die durch Rotation gewonnene Einfachstruktur erleichtert die inhaltliche Identifizierung (Benennung, Benutzung) der Faktoren, die entsprechend den Ladungen der Variablen auf dem betreffenden Faktor erfolgt.

Die Anzahl der Faktoren ist begrenzt durch den Rang r der Matrix R und somit durch die Anzahl nicht verschwindender Eigenwerte. Verständlicherweise wird man die Faktorenzahl möglichst gering halten wollen.

Numeriert man die Eigenvektoren nach absteigender Größe der zugehörigen Eigenwerte λ_j, so haben die gemäß (1.2) und (1.3) konstruierten Faktoren die Eigenschaft, die ursprünglichen Meßwerte am besten zu approximieren. Daher ist vertretbar, nur solche Faktoren zu verwenden, deren zugehörige Eigenwerte noch groß genug (z.B $\lambda > 1$) sind, oder dann aufzuhören, wenn die Eigenwerte zu weiteren Faktoren nicht mehr deutlich voneinander verschieden sind oder nur noch linear abfallen (sog. 'Scree-Test').

Ein anderer Ansatz der 'eigentlichen' Faktorenanalyse geht von der Annahme aus, daß in der Linearkombination noch Fehleranteile enthalten sind

$$z_{ij} = \sum_{k=1}^{r} a_{jk} f_{ik} + c_j b_{ij}$$

mit sogenannten Einzelrestfaktoren b_{ij}, die zueinander und zu den übrigen Faktoren unkorreliert sind. In analoger Schreibweise lautet das Fundamentaltheorem mit $C := diag(c_j)$

$$R = A \cdot A' + C \cdot C' .$$

Die Diagonalmatrix $C \cdot C'$ enthält als j-tes Diagonalelement denjenigen Varianzanteil $1 - (h_j \cdot h_j)$ der j-ten Variable, der sich durch die Faktoren nicht erklären läßt. Bildet man $R_h = R - C \cdot C'$, so gilt für R_h analog (1.2) $R_h = A \cdot A'$. Die weiteren Schritte erfolgen dann analog. Die Diagonalelemente von R_h sind in diesem Fall nicht gleich 1, sondern stellen die sog. Kommunalitäten $(h_j \cdot h_j) \leq 1$ dar, die den Anteil der erklärten Varianz der j-ten Variable repräsentieren. Da diese zu Beginn nicht bekannt sind, müssen sie geeignet geschätzt werden (Kommunalitätenproblem).

Multivariate Verfahren

Zur Prozedur FACTOR:

Zur Durchführung von Faktorenanalysen dient im SPSS^X die Prozedur FACTOR. Da die Faktorenanalyse aus vier Schritten besteht (Bestimmung der Variablen, die in die Analyse eingehen sollen und Festlegung der Anzahl der Faktoren, Bestimmung des Extraktionsverfahrens, Bestimmung des Rotationsverfahrens und Schätzung der Faktorenwerte), besitzt FACTOR vier Blöcke von Unterkommandos, die mit jedem Schritt der Faktorenanalyse korrespondieren. Die Reihenfolge der Spezifikationen muß dem Ablauf der Faktorenanalyse entsprechen.

```
FACTOR VARIABLES=Var.liste[/Liste von Unterkommandos
                          mit zusätzl.Angaben]
```

Da die Prozedur FACTOR nur durch Unterkommandos gesteuert wird, gelten eine Reihe von Voreinstellungen beim Aufruf der Prozedur. Im folgenden werden Voreinstellungen, die gelten, wenn ein Unterkommando nicht genannt wird, mit (**) und Voreinstellungen, die gelten, wenn ein Unterkommando keine weiteren Spezifikationen besitzt, mit (*) gekennzeichnet. Unterkommandos werden jeweils durch einen Schrägstrich getrennt. Das VARIABLES-Unterkommando, das während eines Prozeduraufrufs nur einmal angegeben werden kann, ist als einziges Unterkommando erforderlich. Es gibt alle Variablen an, die während der Faktorenanalyse benötigt werden. Diese Variablen müssen numerisch codiert und intervallskaliert sein. In nachfolgenden Unterkommandos kann nur Bezug auf die Variablen genommen werden, die mit VARIABLES genannt wurden.
Aufstellung weiterer Unterkommandos:

MISSING

```
MISSING=Schlüsselwort/
```

FACTOR bildet eine Korrelationsmatrix der Variablen, die mit VARIABLES genannt wurden, bevor irgendwelche Ergebnisse der Faktorenanalyse erstellt werden. Auf dem MISSING-Unterkommando kann die Behandlung fehlender Werte durch eins der folgenden Schlüsselwörter festgelegt werden:

LISTWISE**	: Fallweiser Ausschluß fehlender Werte.
PAIRWISE	: Paarweiser Ausschluß fehlender Werte. Bei der Berechnung der Korrelationen werden die beiden vorliegenden Variablen unabhängig davon betrachtet, ob bei anderen Variablen missing values vorkommen.
MEANSUB	: Fehlende Werte werden durch den Mittelwert der Variablen ersetzt.
INCLUDE	: Einschluß von fehlenden Werten in die Analyse.
DEFAULT**	: Fallweiser Ausschluß fehlender Werte. Die Schlüsselwörter DEFAULT und LISTWISE sind gleichbedeutend.

WIDTH

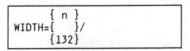

Mit dem Unterkommando WIDTH kann die max. Breite des Outputs der Prozedur FACTOR zwischen 72 und 132 Zeichen je Zeile festgelegt werden. Voreinstellung: 132. Ein WIDTH-Unterkommando bei FACTOR überschreibt jede durch das Kommando SET festgelegte Breite. Falls eine Systembreite mit SET festgelegt wurde, aber keine Breite bei FACTOR, wird das Minimum von 132 und der Systembreite als Breite des Ausdrucks gewählt.

Multivariate Verfahren

Die drei Unterkommandos VARIABLES, MISSING und WIDTH können in beliebiger Reihenfolge angegeben werden. Falls mehr als ein MISSING- oder WIDTH-Unterkommando spezifiziert wird, gelten jeweils die Spezifikationen des zuletzt angegebenen Unterkommandos.

ANALYSIS

```
ANALYSIS=Var.liste.../
```

Mit dem Unterkommando ANALYSIS wird die Faktorenanalyse aufgerufen. Auf dem ANALYSIS-Unterkommando kann eine Teilmenge der bei VARIABLES angegebenen Variablen spezifiziert werden, so daß die Faktorenanalyse nur mit diesen ausgewählten Variablen durchgeführt wird. Sollen mit der einmal benutzten Korrelationsmatrix mehrere verschiedene Analysen innerhalb eines Aufrufs der Prozedur FACTOR erfolgen, so kann für jede Analyse ein ANALYSIS-Unterkommando angegeben werden. Wird kein ANALYSIS =... spezifiziert, so wird die Faktorenanalyse mit allen bei VARIABLES aufgeführten Variablen durchgeführt.

EXTRACTION

```
EXTRACTION=Extraktionsmethode/
```

Das Unterkommando EXTRACTION gibt die Methode der Faktorenextraktion an. Die folgenden Schlüsselwörter sind als Spezifikation zulässig:

PC**   : Hauptkomponentenanalyse. PC (synonym PA1)**.
PAF   : Hauptachsenfaktorenanalyse. PAF(synonym PA2).
ALPHA   : Alpha-Faktorenanalyse.
IMAGE   : Image-Faktorenanalyse.
ULS   : Unweighted Least Square.
GLS   : Generalized Least Square.
ML   : Maximum Likelihood.
DEFAULT**: Hauptkomponentenanalyse.

PRINT

```
PRINT=Angabe/
```

Mit dem Unterkommando PRINT können Ergebnisse und Statistiken der Faktorenanalyse, deren Ausdruck nicht voreingestellt ist, ausgedruckt werden. Folgende Angaben sind möglich:

UNIVARIATE   : Fallzahlen, Mittelwerte und Standardabweichungen.
INITIAL**   : Kommunalitäten, Eigenwerte der Korrelationsmatrix und Prozentsatz der durch die Faktoren erklärten Varianz.
CORRELATION : Korrelationsmatrix.
SIG   : Signifikanzniveau der Korrelationen.
DET   : Determinante der Korrelationsmatrix.
INV   : Die Inverse der Korrelationsmatrix.
EXTRACTION** : Kommunalitäten, Eigenwerte und unrotierte Faktorladungen.
REPR   : Reproduzierte Korrelationen und Residualkorrelationen.
ROTATION**   : Rotierte Faktorladungsmatrix, Faktortransformations- und Korrelationsmatrix.
FSCORE   : Faktorenscorematrix.
ALL   : Alle verfügbaren Statistiken.
DEFAULT**   : INITIAL, EXTRACTION und ROTATION.

FORMAT
Mit dem FORMAT-Unterkommando kann das Format der Matrix der Faktorladungen geändert werden, um die Interpretation der Ergebnisse zu vereinfachen. Folgende Spezifikationen sind möglich:

SORT	: Die Faktorladungen werden der Größe nach geordnet (absteigende Absolutbeträge der Ladungen).
BLANK(n)	: Ladungen, deren absoluter Wert kleiner als die Grenze n ist, werden unterdrückt.
DEFAULT**	: Variablen erscheinen in der Reihenfolge, in der sie genannt wurden, und alle Faktorladungen werden berücksichtigt.

PLOT
Mit dem PLOT-Unterkommando ist es möglich, nach dem 'Scree'-Kriterium zu plotten oder Variablen im rotierten Faktorraum darzustellen. Mit dem 'Scree'-Plot kann die Zahl der Faktoren, die benötigt werden, leichter festgestellt werden. PLOT besitzt folgende Spezifikationen:

EIGEN	: Es wird nach dem 'Scree'- (oder 'Elbow'-)-Kriterium geplottet. Die Eigenwerte werden in absteigender Reihenfolge gedruckt.
ROTATION(n1 n2)	: Druckerplot(s) der Variablen im Faktorraum. Die Spezifikationen n1 und n2 geben die Nummern der Faktoren an, die gedruckt werden sollen.

CRITERIA
Mit dem Unterkommando CRITERIA können Voreinstellungen bei Extraktionen und Rotationen überschrieben werden. Für jede Extraktion und jede Rotation innerhalb der Extraktion kann ein CRITERIA-Unterkommando angegeben werden.

```
CRITERIA=Spezifikation
```

Folgende Spezifikationen sind möglich:

FACTORS(Zahl)	: Legt die Zahl der zu extrahierenden Faktoren fest. Voreinstellung: Die Zahl der zu extrahierenden Faktoren wird durch das Mineigen-Kriterium festgelegt.
MINEIGEN(Wert)	: Gibt die untere Grenze der Eigenwertgröße an, bis zu der Faktoren extrahiert werden. Voreinstellung: MINEIGEN(1).
ITERATE(Zahl)	: Legt die Anzahl der Iterationen zur Berechnung der Kommunalitäten fest. Voreinstellung: ITERATE(25).
ECONVERGE(Wert)	: Konvergenzkriterium für die Extraktion. Voreinstellung: 0.001.
RCONVERGE(Wert)	: Konvergenzkriterium für die Rotation. Voreinstellung: 0.0001.
KAISER**	: Normalisation nach Kaiser.
NOKAISER	: Keine Kaiser-Normalisation.
DELTA(d)	: Gibt den Grad der Korrelation zwischen den Faktoren bei schiefwinkliger Rotation an. Voreinstellung: DELTA(0).
DEFAULT*.*	: Es gelten die Voreinstellungen, die bei jeder CRITERIA-Spezifikation angegeben wurden. Ebenso können mit DEFAULT die Spezifikationen bei CRITERIA für eine weitere Analyse überschrieben werden, so daß in der zweiten Analyse wieder die Voreinstellungen gelten.

Multivariate Verfahren

DIAGONAL
Mit dem Unterkommando DIAGONAL können die Diagonalelemente der Korrelationsmatrix bei der Hauptkomponenetenanalyse PAF vorgegeben werden. Folgende Spezifikationen sind möglich:

Werteliste	: Gibt die Diagonalelemente an. Die Werte können nur bei der Hauptkomponentenanalyse (EXTRACTION = PAF) vom Benutzer vorgegeben werden.
DEFAULT**	: Alle Diagonalelemente haben den Wert 1.

Falls ein Wert bei k aufeinanderfolgenden Diagonalelementen gleich ist, kann die abkürzende Schreibweise k*Wert benutzt werden.

ROTATION

```
ROTATION=Verfahren
```

Die Anweisung ROTATION gibt das anzuwendende Rotationsverfahren an. Falls kein EXTRACTION-Unterkommando angegeben wurde, wird standardmäßig die Rotationsmethode VARIMAX gewählt. Bei Angabe eines EXTRACTION-Unterkommandos werden die Faktorladungen nicht rotiert, falls das ROTATION-Unterkommando fehlt. Wird ROTATION mit dem Schlüsselwort NOROTATE spezifiziert, so werden bei Angabe eines PLOT-Unterkommandos die Variablen im unrotierten Faktorraum geplottet. Folgende Rotationsverfahren sind möglich:

VARIMAX**	: Varimax-Rotation.
EQUAMAX	: Equimax-Rotation.
QUARTIMAX	: Quartimax-Rotation.
OBLIMIN	: Schiefwinklige Rotation.
NOROTATE	: Keine Rotation der Faktormatrix.
DEFAULT**	: Varimax-Rotation.

SAVE
Mit dem Unterkommando SAVE können Faktorscores berechnet und auf der aktuellen Datei gespeichert werden.

```
                    {ALL}
SAVE=Methodenangabe({   }  Name der neuen Variablen)
                    { n }
```

Für die Angabe der Methode, nach der die Faktorscores berechnet werden, kann eines der folgenden Schlüsselwörter ausgewählt werden.

REG*	: Regressionsmethode.
BART	: Bartlett-Methode.
AR	: Anderson-Rubin-Methode.
DEFAULT*	: Regressionsmethode.

Nach der Methodenangabe muß die Zahl der Faktorscores, die berechnet werden sollen, festgelegt werden. Bei Angabe von ALL werden soviele Faktorscores berechnet, wie vorher Faktoren extrahiert worden sind.

Mit der dritten Spezifikation des SAVE-Kommandos wird ein aus bis zu sieben Zeichen bestehender Name für die neuen Variablen angegeben. Die berechneten Faktorscores werden der Reihenfolge nach numeriert. Der erste Faktorscore erhält dann den Namen Name1, der zweite Name2, usw.. Wenn die Variablen auf der aktuellen Datei gespeichert werden, erhalten sie automatisch ein Variablenlabel, das sich aus dem Schlüsselwort der zur Berechnung herangezogenen Methode, der Position und der Nummer der Analyse, in der der Faktorscore berechnet wurde, zusammensetzt.

Multivariate Verfahren

Das nachfolgende Beispiel zeigt, wie die berechneten Faktorscores weiterbearbeitet werden können (hier mit der Prozedur BREAKDOWN):

```
//*                 Beispiel 9
// EXEC SPSSX
//SFILE DD DSN=URZ27.SKURS,DISP=SHR
TITLE 'Statistische Datenanalyse mit dem SPSS-X'
SET LENGTH=NONE,WIDTH=80
GET FILE=SFILE

SUBTITLE 'Faktorenanalyse mit FACTOR: Sportleistungen -> Index'
FACTOR VARIABLES=LAUF100M TO HOCHSPR/MISSING=MEANSUB/
 WIDTH=72/
 ANALYSIS=LAUF100M TO HOCHSPR/
 CRITERIA=FACTORS(1)/
 PRINT=UNIVARIATE INITIAL CORRELATION EXTRACTION FSCORE/
 EXTRACTION=PC/
 SAVE=REG (ALL FSPORT)

SUBTITLE 'Weiterbearbeitung der Faktorscores "FSPORT1" '
BREAKDOWN TABLES=FSPORT1 BY GESCHL SPORT
STATISTICS 1

FINISH
//*                 Ende Beispiel 9
```

Beispiel 9: Beispiel für die Anwendung der Prozedur FACTOR

READ

```
READ = Spezifikation/
```

Mit dem Unterkommando READ können die Korrelationsmatrix oder die Faktorladungen für die Prozedur FACTOR eingelesen werden. READ sollte zwischen die Unterkommandos VARIABLES, MISSING oder WIDTH gestellt werden. Die folgenden Spezifikationen sind möglich:

CORRELATION : Es wird die Korrelationsmatrix eingelesen.
FACTOR(nf) : Es wird die Faktormatrix eingelesen. nf gibt die Zahl der Faktoren in der Analyse an.
DEFAULT* : Einlesen der Korrelationsmatrix.

Bei Anwendung von READ muß vorher eine INPUT PROGRAM-Karte verwendet werden.

WRITE = Spezifikation

```
WRITE = Spezifikation/
```

Durch WRITE werden die Korrelationsmatrix oder die Faktorladungen auf eine Datei geschrieben, die vorher durch ein PROCEDURE OUTPUT-Kommando festgelegt werden muß. Folgende Spezifikationen sind möglich:

CORRELATION* : Herausschreiben der Korrelationsmatrix.
FACTOR : Herausschreiben der Faktormatrix.
DEFAULT* : wie CORRELATION.

Multivariate Verfahren

Ab Version 3 sind READ/WRITE-Unterkommandos durch das **MATRIX**-Unterkommando zu ersetzen (vgl.Kap.10.3).

Weiteres Beispiel für den Aufruf der Prozedur FACTOR

```
SUBTITLE 'Faktorenanalyse mit FACTOR (S01 -- S20)'
FACTOR VARIABLES=S01 TO S20/MISSING=PAIRWISE/
  WIDTH=72/
  ANALYSIS=S01 TO S20 /
  CRITERIA=FACTORS(3)/
  PRINT=UNIVARIATE INITIAL CORRELATION EXTRACTION ROTATION FSCORE/
  EXTRACTION=PC/ /*Hauptkomponentenextraktion (synonym "PA1")=DEFAULT
  PLOT=EIGEN/ /* "Scree-" oder "Elbow-Kriterium" geplottet
  ROTATION=VARIMAX/ /* DEFAULT
  FORMAT=SORT/ /* Faktorladungen sortiert: hilft Interpretation
```

8.3 Kurze Erläuterungen zum Grundprinzip der Varianz- und Kovarianzanalyse

Wie die Bezeichnung nahelegt, besteht das Grundprinzip der Varianzanalyse in der Zerlegung der mittleren Abweichungsquadratsummen (Varianzen) in voneinander unabhängige Komponenten. Dies geschieht mit dem Ziel, Unterschiede zwischen den Mittelwertsvektoren der vorgegebenen Gruppen zu erkennen, die auf Effekte bestimmter unabhängiger Größen oder Faktoren zurückzuführen sind.

Den unabhängigen Variablen, die intervallskaliert sind und auch Kriteriumsvariablen genannt werden, stehen also eine oder mehrere unabhängige, mehrkategoriale nominale Variablen gegenüber. Bei der Varianzanalyse wird eine solche kategoriale Variable als *Factor* (F_p : p = 1,...,r) bezeichnet, die einzelnen Kategorien nennt man Faktorstufen (F_{pq} : q = 1,...,k_r). Ist man am Effekt nur eines Faktors interessiert (p = 1), wendet man die einfache oder 'one-way' Varianzanalyse an. Soll der simultane Effekt von r Faktoren kontrolliert werden, handelt es sich um die Mehrwegs-oder 'r-way-'Varianzanalyse.

Sind die Faktoren intervallskaliert, gleicht die Problemstellung der Varianzanalyse derjenigen der Regressionsanalyse. Sollen die Effekte sowohl der metrischen als auch der nichtmetrischen Faktoren untersucht werden, dient zur Beantwortung dieser Frage die Kovarianzanalyse.

Zur vereinfachten Darstellung des Prinzips der Varianzanalyse wird ein Faktor mit k Stufen, die auch als Gruppen bezeichnet werden, betrachtet.

Der Modellansatz der Varianzanalyse läßt sich durch einfache Zusammenfassung der verschiedenen Mittelwertanteile in der Identität

(1.1) $$x_i = \bar{x} + (\bar{x}_{g_l} - \bar{x}) + (x_i - \bar{x}_{g_l})$$

ausdrücken. Hierbei wird der Mittelwertvektor oder Gruppencentroid $\bar{x}_{g_l}$ der Gruppe g_l gemäß

$$\bar{x}_{g_l} = \frac{1}{n_l} \sum_{i \in g_l} x_i \quad , n_l = |g_l|$$

definiert und der Gesamtmittelwertvektor gemäß

$$\bar{x} = \frac{1}{n}\sum_{i=1}^{n} x_i = \frac{1}{n}\sum_{l=1}^{k} n_l \bar{x}_{g_l} \; .$$

Durch Subtraktion von $\bar{x}$ auf beiden Seiten von (1.1) ergibt sich

(1.2) $\qquad\qquad x_i - \bar{x} = (\bar{x}_{g_l} - \bar{x}) + (x_i - \bar{x}_{g_l}) \; .$

Hieran wird deutlich, daß der erste Term ($\bar{x}_{g_l} - \bar{x}$) den eigentlichen Effekt der Faktoren angibt (Differenz der Gruppenmittelwerte vom Gesamtmittelwert). Der zweite Term ($x_i - \bar{x}_{g_l}$) enthält die Abweichung des Elementes von seinen Gruppenmittelwerten und wird als Fehleranteil aufgefaßt.
Multipliziert man (1.2) von rechts mit ($\bar{x}_i - x$) und summiert über alle n Elemente, so erhält man

(1.3) $\qquad \sum_{i=1}^{n}(x_i - \bar{x})^2 = \sum_{l=1}^{k}\sum_{i \in g_l}(x_i - \bar{x}_{g_l})^2 + \sum_{l=1}^{k} n_l \cdot (\bar{x}_l - \bar{x}_{g_l})^2$

Diese Gleichung zeigt, daß sich die Gesamtvarianz in zwei unabhängige Komponenten zerlegen läßt, von denen die eine die Gruppenunterschiede (=Varianz zwischen den Gruppen) und die andere die Fehleranteile (=Varianz innerhalb der Gruppen) betrifft.
Bildet man die Streuungsmatrizen (engl. scatter matrices)

$T := \sum_{i=1}^{n}(x_i - \bar{x})^2 \qquad\qquad$ (T = 'total scatter matrix')

$W := \sum_{l=1}^{k}\sum_{i \in g_l}(x_i - \bar{x}_{g_l})^2 \qquad\qquad$ (W = 'within groups scatter matrix')

$B := \sum_{l=1}^{k} n_l \cdot (\bar{x}_{g_l} - \bar{x})^2 \qquad\qquad$ (B = 'between groups scatter matrix')

kann (1.3) kurz geschrieben werden als T = W + B.
Unter der Voraussetzung, daß die Variablen x_j multivariat normalverteilt sind und die Varianz-Kovarianz-Matrizen der Gruppen g_l (l = 1,...,k) annähernd gleich sind, wird als Teststatistik für die Hypothese, daß alle Mittelwertvektoren $\bar{x}_{g_l}$ gleich sind, von Wilks die Größe

$$\lambda = \det(T^{-1} \cdot W) \qquad (\textit{Wilk'sches Lambda})$$

vorgeschlagen.
Die Kovarianzanalyse läßt sich inhaltlich zwischen der Varianzanalyse und der Regressionsanalyse einordnen. Hier wird eine abhängige Variable Y wie bei der Regressionsanalyse durch einen linearen Ansatz ausgedrückt:

$$Y = b_0 x_1 + \ldots + b_q x_q + \ldots + b_m x_m + f$$

Multivariate Verfahren

Die ersten q Variablen haben dabei die Bedeutung von qualitativen Variablen mit den Werten 0 oder 1, die also entsprechend der Varianzanalyse besagen, ob eine bestimmte Stufe vorliegt oder nicht.
Die Variablen x_{q+1} bis x_m werden als Kovariaten bezeichnet und entspechen den unabhängigen Variablen bei der Regressionsanalyse. In der Kovarianzanalyse möchte man den Einfluß der Faktoren auf die abhängige Variable ermitteln. Meist wird dann so verfahren, daß durch Regressionsschätzungen $\bar{Y}$ von Y Einfluß der Kovariaten auf Y eliminiert und auf $Y - \bar{Y}$ eine Varianzanalyse angewandt wird.

8.4 Univariate Einwegsvarianzanalyse, ONEWAY

Die Prozedur ONEWAY liefert Einweg-Varianzanalysen (es liegt jeweils nur eine unabhängige Variable vor) mit zusätzlichen Tests. Obwohl mit den Prozeduren ANOVA und MANOVA ebenso Einweg-Varianzanalysen durchgeführt werden können, können mit ONEWAY mehrere optionale Tests durchgeführt werden, die bei den anderen Prozeduren nicht möglich sind. Es können Trends über die Kategorien der unabhängigen Variablen, a priori- und a posteriori-Kontraste berechnet werden.
Allgemeine Form der Prozedurkarte:

```
ONEWAY Var.liste BY unabh.Var.(min,max)
```

Auf der Prozedurkarte muß eine numerische abhängige Variable (oder eine Liste von abh. Variablen) und eine unabhängige Variable mit ihrem zu berücksichtigendem Wertebereich angegeben werden. Jeder Wert innerhalb des Intervalls (min,max) repräsentiert eine Gruppe. Es können bis zu 100 abhängige Variablen, aber nur eine unabhängige, die nach BY spezifiziert wird, angegeben werden. Für jede der angegebenen abhängigen Variablen wird eine getrennte Analyse durchgeführt. Die unabhängige Variable muß ganzzahlige Werte haben, bei nichtganzzahligen Werten wird hinter dem Komma abgeschnitten.
Die folgenden optionalen Unterkommandos werden nach der Angabe der Variablen, die in die Analyse eingehen, spezifiziert und können in jeder Reihenfolge angegeben werden.

POLYNOMIAL

```
POLYNOMIAL=n/
```

Durch das Schlüsselwort POLYNOMIAL werden Trendtests angefordert. Als Spezifikation wird eine positive ganze Zahl n angegeben, die kleiner gleich 5 und kleiner als die Zahl der Gruppen sein muß. Sie bewirkt, daß die Quadratsummen zwischen den Gruppen in lineare, quadratische, kubische oder in Trendkomponenten höherer Ordnung aufgeteilt werden.

CONTRAST

```
CONTRAST=Koeffizientenliste/
```

Durch das Unterkommando CONTRAST werden Tests auf a priori Mittelwertunterschiede angefordert. Als Spezifikation besitzt CONTRAST eine Koeffizientenliste, in der jeder Koeffizient mit einer Kategorie der Gruppenvariable korrespondiert.

Beispiel:

```
ONEWAY LAUF100M BY SPORT(1,6)/
     CONTRAST=-1 -1 -1 -1 2 2/
```

In diesem Beispiel wird ein T-Test zwischen der Kombination der ersten vier Gruppen und der Kombination der letzten zwei Gruppen durchgeführt.
Ebenso können nichtganzzahlige Koeffizienten angegeben werden wie in dem nachfolgendem Beispiel:

```
CONTRAST=-1 0 0 0 .5 .5 /
```

In diesem Beispiel wird ein t-Test zwischen der ersten und der kombinierten fünften und sechsten Gruppe durchgeführt.
Die Koeffizienten sollten sich zu Null aufaddieren, andernfalls werden sie zwar für den Test gebraucht, aber gleichzeitig wird eine Warnung ausgedruckt.
Für eine Folge von gleichen Koeffizienten kann die Wiederholungsschreibweise n*c angewendet werden, z.B.

```
CONTRAST=1 4*0 -1 /
```

In diesem Beispiel wird ein Kontrastkoeffizient von 1 für die erste Gruppe, 0 für die Gruppen 2 bis 5 und -1 für die Gruppe 6 spezifiziert.

RANGES

```
              { 0.05  }
RANGES=Testname[({       })]
              { alpha }
```

Mit dem Unterkommando RANGES können sieben verschiedene Tests auf a posteriori-Einzelmittelwertunterschiede angefordert werden. Der Angabe des Tests kann in Klammern eingeschlossen das gewünschte Signifikanzniveau alpha folgen. Auf einer ONEWAY-Karte können bis zu 10 RANGES-Unterkommandos angegeben werden, zwischen denen aber kein CONTRAST-oder POLYNOMIAL-Unterkommando stehen darf. Folgende Tests für alle möglichen Paare von Gruppenmittelwerten sind möglich:

LSD	: Least-significant difference. Jeder Wert zwischen 0 und 1 ist für alpha zulässig. Voreinstellung: 0.05
DUNCAN	: Duncan's multiple range test. Nur alpha=0.05 zulässig. Voreinstellung: 0.05.
SNK	: Student-Newman-Keuls-Test. Nur alpha=0.05 zulässig.
TUKEYB	: Tukey's alternate procedure. Nur alpha=0.05 zulässig.
TUKEY	: Honestly significant difference. Nur alpha=0.05 zulässig.
LSDMOD	: Modified LSD. Jeder Wert zwischen 0 und 1 ist für alpha zulässig. Voreinstellung: 0.05.
SCHEFFE	: Scheffé-Test. Jeder Wert zwischen 0 und 1 ist für alpha zulässig. Voreinstellung: 0.05.

Bei k Gruppen kann auch die Angabe RANGES=Wert2,...,Wertk erfolgen, wobei Wert2,...,Wertk aufsteigend angegeben werden. Nacheinander werden alle Paare, Tripel,... von Gruppenmittelwerten berechnet. Es wird jeweils geprüft, ob die zwischen ihnen bestehenden

Multivariate Verfahren

Abstände ≦ Wert2·Sx, ≦ Wert3·Sx, ... sind. Sx berechnet sich als Standardfehler aus den jeweils vorliegenden Gruppen.

Liste der Optionen:

1 : Einschluß von fehlenden Werten.
2 : Listenweiser Ausschluß von Fällen mit fehlenden Werten (Voreinstellung).
3 : Es werden keine Variablenlabel gedruckt.
4 : Bewirkt, daß die Anzahl der Fälle, Mittelwert und Standardabweichung auf einen Output File geschrieben werden. Notwendig hierfür ist ein vorangegangenes PROCEDURE OUTPUT-Kommando.
6 : Die ersten acht Zeichen der Wertelabel werden als Gruppenbezeichnung verwendet.
7 : Anstelle der Rohdaten werden die Zahl der Fälle pro Gruppe, die Gruppenmittelwerte und die Standardabweichungen innerhalb der Gruppen eingegeben. Falls diese Option gebraucht wird, ist ein INPUT PROGRAM notwendig.
0 : Eingabe der Gruppenhäufigkeiten, Mittelwerte, gepoolte Varianz, Freiheitsgrade der gepoolten Varianz. Notwendig: INPUT PROGRAM.
10: Für die a posteriori-Vergleiche wird als Fallzahlen für alle Gruppen das harmonische Mittel aller Fallzahlen verwendet.

Liste der Statistiken:

1 : Für jede Gruppe werden ausgedruckt: Anzahl der Fälle, Standardabweichung, Standardfehler, Minimum, Maximum, 95%-Konfidenzintervall.
2 : Angaben für Modelle mit festen bzw. zufälligen Effekten: Standardabweichung, Standardfehler usw.
3 : Test auf Gleichheit der Gruppenvarianzen (Cochran's C, F nach Bartlett-Box und Hartley's F-max-Test).

Beispiel für den Aufruf der Prozedur ONEWAY:

```
SUBTITLE 'univariate Einwegsvarianzanalysen mit ONEWAY'

TEMPORARY
SELECT IF (NOT (MISSING(LAUF100M) OR MISSING(GROESSE)))

ONEWAY LAUF100M GROESSE  BY NGESCHL (1,2)/
OPTIONS 6
STATISTICS 1,2,3

ONEWAY LAUF100M GROESSE  BY SPORT (1,6)/
 RANGES=SCHEFFE (0.05)
OPTIONS 6
STATISTICS 1,2,3

ONEWAY LAUF100M BY SPORT (1,6)/
 CONTRAST= -1  0  0  0  1/
 CONTRAST=  0 -1  1  0  0/
 CONTRAST= -1  0  0 .5 .5/
STATISTICS 1

ONEWAY LAUF100M BY SPORT(1,6)/
 RANGES=LSD (0.05)/
STATISTICS 1,2,3
```

8.5 Univariate Mehrwegsvarianz- und Kovarianzanalysen, ANOVA

Mit der Prozedur ANOVA werden univariate Mehrwegs-Varianz- und Kovarianzanalysen durchgeführt. Obwohl auf der Prozedurkarte Kovariate spezifiziert werden können, leistet ANOVA keine vollständige Kovarianzanalyse. Bei multiplen abhängigen Variablen, Interaktionen zwischen den Faktoren und den Kovariaten bei der Kovarianzanalyse oder bei geschachtelten oder nichtfaktoriellen Designs sollte die Prozedur MANOVA verwendet werden.
Für Einwegs-Varianzanalysen, die auch mit ANOVA berechnet werden können, sollte die Prozedur ONEWAY vorgezogen werden, mit der zusätzliche Tests durchgeführt werden können.
Bei der Prozedur ANOVA ist es möglich, erklärende Variablen (Kovariaten) in die Analyse einzubeziehen. Falls fünf oder weniger Faktoren vorliegen, werden alle Interaktionen (Wechselwirkungen) in der Analyse betrachtet. Bei mehr als fünf Faktoren werden nur Interaktionen bis zur Ordnung fünf eingeschlossen.
Aufbau der Prozedurkarte:

```
ANOVA abh.Variable(n) BY unabh.Variablen(min,max)
     [WITH Kovariaten] [/abh.Variablen...]
```

Auf der Prozedurkarte muß eine abh. Variablenliste und eine Faktorenliste (unabh.Variablen) angegeben werden. In einer Liste von abh. Variablen können bis zu 5 Variablen spezifiziert werden. Falls mehr als 2 abh.Variablen angegeben werden, werden diese als eine Folge von getrennten abh. Variablen betrachtet, d.h. für jede Variable wird eine getrennte Analyse durchgeführt. Der Liste der Faktoren, die nach dem Schlüsselwort BY spezifiziert wird, folgt in Klammern eingeschlossen die Angabe des niedrigsten und höchsten zu berücksichtigenden Wertes. Diese Angabe muß nicht den codierten Werten der Variablen entsprechen. Fälle, deren Werte außerhalb des spezifizierten Bereiches liegen, werden automatisch aus der Analyse ausgeschlossen. Faktorvariablen müssen ganzzahlige Werte haben. Bei nichtganzzahligen Werten wird hinter dem Komma abgeschnitten.
Nach dem Schlüsselwort WITH kann eine Liste von bis zu 10 Kovariaten angegeben werden.

Liste der Optionen:

1 : Einschluß fehlender Werte.
2 : Keine Variablenlabel und Wertelabel im Output.
3 : Keine Berücksichtigung von Interaktionen zwischen zwei und mehreren Faktoren. Nur Haupteffekte erscheinen in der Tabelle.
4 : Keine Berücksichtigung von Interaktionen dritter und höherer Ordnung. Die zugehörigen Quadratsummen gehen in die Fehlerquadratsumme ein.
5 : Keine Berücksichtigung von Interaktionen vierter und höherer Ordnung. Fehlerquadratsummenberechnung analog 4.
6 : Keine Berücksichtigung von Interaktionen fünfter und höherer Ordnung. Fehlerquadratsummenberechnung analog 4.

Mit den Optionen 7 bis 10 wird die Reihenfolge, in der die Kovariaten, Haupteffekte und Interaktionen in die Analyse eingehen sollen, gesteuert. Voreinstellung: Zuerst werden die Kovariaten, dann die Haupteffekte zu den Faktoren eingebracht.

7 : Die Effekte der Kovariaten werden bezüglich aller vorhergehenden Kovariaten und aller Haupteffekte der Faktoren angepaßt.
8 : Die Haupteffekte werden bezüglich aller Haupteffekte, die Kovariaten bezüglich aller vorhergehenden Kovariaten und aller Haupteffekte angepaßt.

Multivariate Verfahren

9 : Regressionsmethode: Jeder einzelne Effekt wird bezüglich aller Effekte angepaßt. Die Angabe der Statistiken 1 und 3 ist bei dieser Methode nicht möglich. Außerdem werden Option 7 und 8 durch Option 9 außer Kraft gesetzt.

10: Hierachische Methode: Die Kovariaten werden bezüglich aller vorhergehenden Kovariate, die Haupteffekte bezüglich aller vorhergehenden Haupteffekte angepaßt.

11: Die Breite des Ausdruckes wird auf 80 Zeichen begrenzt.

Liste der Statistiken:

1 : Erstellung der Tabelle MULTIPLE CLASSIFICATION (MCA). Es werden Kategorienmittelwerte als Abweichungen vom Gesamtmittelwert der abh.Variablen ausgedruckt. Außerdem werden in den Ausdruck aufgenommen:
   -nicht bereinigte Effekte für jeden Faktor
   -vom Einfluß der übrigen Faktoren bereinigte Effekte
   -vom Einfluß der übrigen Faktoren und aller Kovariate bereinigte Effekte.
   -Eta-und Beta-Werte.
   Bei Angabe von Option 9 wird keine MCA-Tabelle erstellt.

2 : Unstandardisierte Regressionskoeffizienten für die Kovariate werden ausgedruckt.

3 : Es werden die Häufigkeiten und Mittelwerte für die Zellen ausgedruckt. Falls Option 9 angegeben wurde, ist Statistik 3 nicht verfügbar.

Beispiel für den Aufruf der Prozedur ANOVA:

```
ANOVA LAUF100M BY NGESCHL (1,2)
  WITH GROESSE/
OPTIONS 7,11
STATISTICS 3
```

In diesem Beispiel wird eine Zweiweg-Varianzanalyse mit LAUF100M als abh. Variable, NGESCHL als Faktor und GROESSE als Kovariate berechnet.

8.6 Multivariate Varianzanalyse, MANOVA

Die folgende Abbildung zeigt, welche SPSS^X-Prozeduren im allgemeinen linearen Modell gebraucht werden können. Die Anwendung der jeweiligen Prozeduren richtet sich danach, ob eine oder mehrere qualitative oder quantitative Variablen vorliegen, wobei jeweils nach unabhängigen und abhängigen Variablen unterschieden wird.

abh. unabh.	quantitativ		qualitativ
	eine	mehrere	eine
quantitativ -eine	(multiple) Regressions- analyse REGRESSION	Regr.Analyse: Mehrgleichungs- modelle	Diskriminanz- analyse DISCRIMINANT
-mehrere	REGRESSION	Kanonische Analyse,früher CANCORR,heute in MANOVA enthalten	DISCRIMINANT
qualitativ -eine -mehrere	Varianz- und Kovarianz- analyse ONEWAY ANOVA	MANOVA MANOVA	ein oder mehrere loglineare Modelle LOGLINEAR
qualitativ und quantitativ	ANOVA	MANOVA	

Die Prozedur MANOVA stellt ein umfangreiches Programm zur multivariaten Varianz- und Kovarianzanalyse dar. Sie berechnet alle im allgemeinen linearen Modell üblichen Signifikanztests und Parameterschätzungen. Insbesondere können uni- und multivariate Varianz- und Kovarianzanalysen und Hypothesenprüfungen für Faktoren mit festen und zufälligen Effekten durchgeführt werden. Weiterhin sind Analysen für faktorielle und geschachtelte Designs, multivariate Diskriminanz -und Kanonische Analysen zwischen den abhängigen Variablen und den Effekten und Trendanalysen möglich.

MANOVA besitzt eine Vielzahl von Unterkommandos, die weitere OPTIONS-und STATISTICS-Kommandos überflüssig machen. Alle Unterkommandos werden nach der Spezifikation der Variablen, die in die Analyse eingehen sollen, angegeben und können mit Ausnahme des DESIGN-Unterkommandos innerhalb eines Prozeduraufrufs mehrmals verwendet werden.

Allgemeiner Aufbau der Prozedurkarte:

```
MANOVA Liste der abh.Variablen
       [BY Faktorenliste(min,max)[Faktorenliste...]
       [WITH Kovariatenliste]/
       [Angabe weiterer Unterkommandos]
```

Die erste und notwendige Spezifikation des MANOVA-Kommandos ist die Angabe der Variablen, die in die Analyse einbezogen werden sollen. Es können abh. Variablen (intervallskalierte

Variablen), Faktoren (kategoriale Variablen) und Kovariaten (intervallskalierte Variablen) oder alle drei Typen von Variablen angegeben werden. Die Liste der abhängigen Variablen spezifiziert die Variablen, die als abh. Variablen in die Analyse eingehen sollen. Die Rollen von abh. Variablen und Kovariaten können durch die ANALYSIS-Spezifikation geändert werden (s. ANALYSIS). In der Faktorenliste, die dem Schlüsselwort BY folgt, werden die Variablen angegeben, die als Faktoren in die Analyse eingehen. Hinter jedem ganzzahligem Faktor wird der zu berücksichtigende Wertebereich angegeben. Diese Angabe kann auch anschließend an eine ganze Liste von Faktoren erfolgen und gilt dann für alle durch die Liste bezeichnenden Faktoren. Fälle außerhalb dieses Bereiches werden aus der Analyse ausgeschlossen. Um leere Zellen zu vermeiden, sollten nicht die theoretischen, sondern die tatsächlichen Grenzen angegeben werden. Falls nur univariate oder multivariate Regressionsanalysen oder kanonische Korrelationen durchgeführt werden, entfällt die Faktorenliste.

In der Kovariatenliste werden nach dem Schlüsselwort WITH die Variablen spezifiziert, die als Kovariate in die Analyse eingehen. Werden im Modell keine Kovariaten betrachtet, so entfällt die Kovariatenliste.

Beschreibung der Unterkommandos:

ANALYSIS
Mit dem ANALYSIS-Unterkommando können die Rollen der abh. Variablen und der Kovariaten vertauscht und Variablen von der Analyse ausgeschlossen werden. Eine spezielle Form des ANALYSIS-Unterkommandos wird bei der Analyse von Meßwiederholungen (repeated measures) verwandt. Die Spezifikationen bei ANALYSIS überschreiben die Variablenspezifikationen auf dem MANOVA-Kommando, wobei die Faktorenliste durch ANALYSIS nicht berührt wird. Variablen, die nicht auf dem ANALYSIS-Unterkommando genannt werden, können über das DESIGN-Unterkommando in die Analyse eingeschlossen werden. Zu beachten ist, daß nur die Variablen genannt werden können, die in der ursprünglichen Variablenliste auf dem MANOVA-Kommando aufgeführt wurden.

Wird das ANALYSIS-Unterkommando mit dem Schlüsselwort WITH gebraucht, so können abh. Variablen und Kovariaten umdefiniert werden.
Beispiel:

```
MANOVA A,B,C BY FAC(1,4)/
    ANALYSIS=A,B WITH C/
```

In diesem Beispiel wird die abh.Variable C in eine Kovariate umgewandelt.
Außerdem können abh.Variablen oder Kovariate von der Analyse ausgeschlossen werden.
Beispiel:

```
MANOVA A,B,C BY FAC(1,4) WITH D,E/
    ANALYSIS=A/
```

In diesem Beispiel werden die Variablen B,C,D und E von der Analyse ausgeschlossen.
Eine weitere Anwendung des ANALYSIS-Kommandos besteht darin, eine Vielzahl von Analysen durchzuführen.
Beispiel:

```
MANOVA A,B,C BY FAC(1,4) WITH D,E/
    ANALYSIS=(A,B/C/D WITH E)/
```

In diesem Beispiel werden drei Analysen angegeben: die erste mit A und B als abh. Variablen, die zweite mit C als abh. Variable und die dritte mit D als abh. Variable und E als Kovariate.

Multivariate Verfahren

In dem nachfolgendem Beispiel werden zwei unabhängige Kovarianzanalysen angefordert, die erste mit abh. Variable A und Kovariate C, die zweite mit abh. Variable B und Kovariaten C, D und E.

```
MANOVA A,B,C BY FAC(1,4) WITH D,E,F/
  ANALYSIS(UNCONDITIONAL)=(A/B WITH D,E) WITH C /
```

Statt der Standardannahme UNCONDITIONAL kann auch CONDITIONAL spezifiziert werden, so daß alle Variablen aus den vorausgehenden Listen in den nachfolgenden Listen als Kovariaten verwendet werden. Wird ANALYSIS(REPEATED) spezifiziert, so wird die Bearbeitung von Meßwiederholungsdesigns eingeleitet. Dabei müssen durch vorangegangene Unterkommandos WSDESIGN und WSFACTORS within-subjects-Effekte definiert sein. REPEATED bewirkt also, daß die Effekte aufgespalten werden und die abh. Variablen und Kovariaten einander jeweils in separaten Analysen zugeordnet werden.

Beispiel für Repeated Measure Design bei MANOVA:

```
TITLE 'Beispiel fuer repeated measure Design bei MANOVA'

DATA LIST FILE=RAUCHER/
 ZIGARET1 ZIGARET2 1-6 THERAPIE 7-8
VAR LABELS
 ZIGARET1 'Zigaretten vor der Behandlung'
 ZIGARET2 'Zigaretten nach der Behandlung'
 THERAPIE 'Therapieform'
VALUE LABELS THERAPIE  1 'Tabletten' 2 'VT'
SET LENGTH=NONE WIDTH=80

MANOVA ZIGARET1 ZIGARET2 BY THERAPIE (1,2)/
 WSFACTOR=ZEITPKT(2)/
 WSDESIGN=ZEITPKT/
 ANALYSIS(REPEATED)/DESIGN/PRINT=CELLINFO(MEANS)/

COMPUTE ZIG=ZIGARET1-ZIGARET2
T-TEST GROUPS=THERAPIE(1,2)/VARIABLES=ZIG

FINISH
//RAUCHER DD *
 10  7 1
 20 16 1
 30 12 1
  5  2 1
 60 28 1
 11  2 2
 22 10 2
 35 15 2
  7  0 2
 60 10 2
```

DESIGN

Durch das DESIGN-Unterkommando wird das zu analysierende Modell spezifiziert. DESIGN, das als letztes Unterkommando angegeben werden sollte, besitzt eine Vielzahl von Unterkommandos zur Spezifikation möglicher Modelle. Bei mehrfaktoriellen Modellen kann DESIGN entfallen. Da wegen der Vielzahl möglicher Modelle die DESIGN-Angabe teilweise recht kompliziert wird, wird im folgenden nur die Syntax der DESIGN-Spezifikationen beschrieben.

```
DESIGN=Designangabe/
```

Folgende Designangaben sind möglich:
Um Haupteffekte einer Variablen einzubeziehen, wird der Faktor spezifiziert, z.B.

```
MANOVA LAUF100M,WEITSPR BY NGESCHL(1,2) FAKULT(2,6)/
   DESIGN=NGESCHL,FAKULT/
```

Durch das Schlüsselwort BY zwischen Variablen werden Interaktionen der Variablen gekennzeichnet. In dem folgendem Beispiel werden Haupteffekte A,B und C und Interaktionen zwischen A und B und zwischen B und C spezifiziert.

```
MANOVA Y BY A B C (1,3)/
   DESIGN=A,B,C,A BY B,B BY C/
```

Drei-Weg-Interaktionen können folgendermaßen geschrieben werden: A BY B BY C.
Weitere mögliche Spezifikationen:

```
CONTIN(Liste von Intervallvariablen)
```

In der Liste wird eine Gruppe von Intervallvariablen zu einem Effekt zuammengefaßt. Hierbei kann auch die TO-Konvention für aufeinanderfolgende Variablen verwendet werden.
Weiterhin ist es möglich, Interaktionen zwischen Intervallvariablen und Faktoren, die durch ein ANALYSIS-Kommando von der Analyse ausgeschlossen wurden, zu spezifizieren.
Mit W[ITHIN] können geschachtelte Effekte erzeugt werden, z.B.

```
DESIGN=A WITHIN B
```

In diesem Beispiel wird Faktor A mit B geschachtelt.
Effekte können durch ein Pluszeichen (+) zusammengefaßt werden. In dem folgendem Beispiel wird der Effekt AGE und AGE BY TREATMNT zu einem einzigen Effekt zuammengefaßt:

```
DESIGN=AGE+AGE BY TREATMNT
```

Das Schlüsselwort BY wird zuerst ausgewertet, dann ein eventuelles WITHIN und dann +.
CONSPLUS:
Bei Angabe von CONSPLUS wird zu den Parameterschätzungen jeweils der Gesamtmittelwert der abh. Variablen hinzuaddiert. CONSPLUS kann nur einmal auf einem DESIGN-Unterkommando spezifiziert werden.
Fehlerterme können auf dem DESIGN-Kommando auf folgende Arten angegeben werden:
W[ITHIN]   : Innerhalb-Fehlerterm
R[ESIDUAL]   : Residual-Fehlerterm
WR oder RW   : Kombinierter Innerhalb-und Residual-Fehlerterm
Soll ein bestimmter Fehlerterm gegen einen der oben genannten getestet werden, so kann nach dem Fehlerterm-Schlüsselwort

Multivariate Verfahren

```
AGAINST oder VS Fehlerterm
```

angegeben werden. **MWITHIN:**
Mit dem Schlüsselwort **MWITHIN** auf dem DESIGN- oder WDESIGN-Kommando wird die Reparametrisierung von Faktoren unterdrückt.

WSFACTORS

Manova besitzt eine Reihe von Unterkommandos, die die Analyse von Meßwiederholungen(repeated measures) erleichtern. Das Unterkommando WSFACTORS nennt die Namen und Anzahlen der Stufen der Within-Subjects-Faktoren bei multivariater Behandlung von Meßwiederholungsdesigns (s. ANALYSIS(REPEATED)).

```
WSFACTORS=Faktorenliste(Stufen)[Faktorenliste...]/
```

Die abh.Variablen (und ebenso die Kovariaten) werden der Reihe nach den Zeilen zugeordnet, die durch die Kombination der Stufen der verschiedenen WS-Faktoren entstehen:
1.abh.Var. zu Faktor1,Stufe1,Faktor2,Stufe1,...,FaktorN,Stufe1
2.abh.Var. zu Faktor1,Stufe2,Faktor2,Stufe2,...,FaktorN,Stufe2
usw.
Die Anzahl der abhängigen Variablen und die Anzahl der Kovariaten muß daher entweder das Produkt aller genannten Stufenzahlen oder ein Vielfaches davon sein.

WSDESIGN

Das Unterkommando WSDESIGN spezifiziert ein Within-Subjects-Modell und fordert solche Transformationen an, die zu einem Meßwiederholungsdesign passen. In der Effektliste dürfen nur die WS-Faktoren und daraus gebildete Effekte auftreten. Ist in einer CONTRAST-Anweisung für den WS-Faktor ein spezieller Kontrast genannt worden, so wird dessen Designbasis zur Transformation herangezogen.
WSDESIGN besitzt die gleiche Syntax wie DESIGN mit Ausnahme der nachfolgenden Spezifikationen:
-Fehlertermdefinitionen
-Das Schlüsselwort CONSPLUS
-Das Schlüsselwort CONSTANT
-Intervallvariablen
-Interaktionen zwischen Faktoren
WSDESIGN ist nur sinnvoll, wenn ANALYSIS(REPEATED) folgt.

MEASURE

Die Prozedur MANOVA kann 'doppelte' multivariate repeated measures-Designs analysieren, bei denen Werte gemessen worden sind, die aus zwei oder mehreren Antworten von zwei oder mehreren möglichen Antworten bestehen. Mit dem Unterkommando MEASURE kann den multivariaten, zusammengefaßten Ergebnissen ein Name gegeben werden.

```
MEASURE=neuer Name.../
```

TRANSFORM

Durch das Unterkommando TRANSFORM können lineare Transformationen der abh. Variablen und der Kovariaten durchgeführt werden.

Multivariate Verfahren

```
TRANSFORM [(Var.liste [/Var.liste])]=[ORTHONORM]

    { BASIS   }
   [{         }] [Transformationsschlüsselwort]
    {CONTRAST}
```

Alle Variablenlisten, die spezifiziert werden, müssen die gleiche Anzahl von Variablen enthalten, da alle Listen gleichartig transformiert werden. Ohne Angabe einer Variablenliste werden alle abhängigen und alle Kovariaten transformiert. TRANSFORM kann in einem MANOVA-Aufruf wiederholt werden. Die Transformationen bleiben bestehen, bis ein weiteres MANOVA-Kommando aufgerufen wird.
Es ist möglich, sieben verschiedene Arten von Transformationen durchzuführen. Vor der Angabe des Typs der Transformation können die Schlüsselwörter CONTRAST oder BASIS und ORTHONORM spezifiziert werden:

ORTHONORM : Durch TRANSFORM wird eine Matrix erzeugt, deren Zeilen die Gewichte enthalten, mit denen die Variabenwerte multipliziert werden. Durch ORTHONORM wird die Matrix zeilenweise orthonormiert. Voreinstellung: Keine Orthonormierung.

CONTRAST : Die Transformationsmatrix wird direkt von der Kontrastmatrix des angegebenen Typs erstellt.Voreinstellung: CONTRAST.

BASIS : Die Transformationsmatrix wird von der Inversen der Kontrastmatrix, der Designbasis, erstellt.

Die folgenden Transformationsschlüsselwörter können nach CONTRAST oder BASIS (falls vorhanden) angegeben werden:
DEVIATIONS[(Vergleichsstufe)]:
Es wird die abh. Variable mit dem Mittel aller in der Variablenliste gegebenen abh.Variablen verglichen. Die Abweichung zur letzten Variable entfällt normalerweise, falls nicht die Nummer einer anderen Variablen (Vergleichsstufe) spezifiziert wird.
DIFFERENCE: Differenz oder umgekehrte Helmert-Matrix.
Die abh. Variable wird mit dem Mittel aller vorhergehenden abh. Variablen verglichen.
HELMERT:
Die abh. Variable wird mit dem Mittel aller nachfolgenden abh. Variablen verglichen.
SIMPLE[(Vergleichsstufe)]:
Jede abh. Variable wird mit der letzten Variable verglichen. Wird die Nummer einer anderen Variable(Vergleichsstufe) angegeben, so bildet diese Variable die Bezugsvariable.
REPEATED:
Es werden aufeinanderfolgende Variablen verglichen. Die erste der zu transformierenden Variablen erhält als Wert den Mittelwert aller zu transformierenden Variablen. Der zweiten Variable wird die Differenz von erster zu zweiter Variable zugewiesen, usw. Die letzte Variable erhält den Wert der vorletzten Variable minus dem der letzten Variablen.
POLYNOMIAL[(X_1,...,X_k)]:
Diese Transformation ermöglicht Trendanalysen in Meßwiederholungsdesigns. Nach POLYNOMIAL kann in Klammern die Metrik angegeben werden. Die erste zu transformierende Variable erhält als Wert den Mittelwert aller Variablen, die zweite den linearen Trend, die dritte den quadratischen Trend, usw., die k-te Variable den Trend (k-1)-ter Ordnung. Sollen zwischen den Werten der Variablen gleiche Abstände bestehen, so kann als Metrik (1,2,...,k) angegeben werden, wobei k gleich der Anzahl der abh. Variablen ist, oder die Angabe einer Metrik kann entfallen.
SPECIAL(Matrix):
Durch die Angabe einer quadratischen Koeffizientenmatrix kann eine beliebige Transformation erreicht werden.

RENAME
Mit dem Unterkommando RENAME können für abh. Variablen und für Kovariate neue Namen angegeben werden, wenn sie z.B. durch TRANSFORM oder WSDESIGN verändert wurden. Es müssen für alle abh. Variablen und Kovariaten Namen auf der RENAME-Karte angegeben werden, unabhängig davon, ob sie transformiert wurden. Soll eine Variable ihren ursprünglichen Namen behalten, so kann der Name oder ein Stern (*) angegeben werden.

```
          {neuer Name} {neuer Name}
RENAME={            } {            }...
       {     *      } {     *      }
```

METHOD
Durch das Unterkommando METHOD können Vorgehensweisen bei der Analyse festgelegt werden.

```
                       {  MEANS       }
METHOD=[MODELTYPE({              })]
                  {OBSERVATIONS}

           {  QR      } {BALANCED  } {NOLASTRES} {CONSTANT  }
[ESTIMATION({         } {          } {         } {          })]
           {CHOLESKY} {NOBALANCED} {LASTRES  } {NOCONSTANT}

          {SEQUENTIAL}
[SSTYPE({            })]
        {  UNIQUE    }
```

MODELTYPE legt das Modell zur Parameterschätzung fest. Falls auf dem Unterkommando DESIGN Intervallvariablen spezifiziert werden, wird automatisch MODELTYPE(OBSERVATIONS) gewählt, da dann das lineare Modell für Mittelwerte (MEANS) nicht mehr verwendet werden kann.Zur Schätzung der Parameter, die durch ESTIMATION festgelegt wird, gibt es vier Alternativen:
QR oder CHOLESKY:
Durch QR (Voreinstellung) wird die präzisere Householder Reduktion der Design-Matrix angewandt. Die CHOLESKY-Dreieckszerlegung erfordert weniger Rechenzeit, ist aber manchmal weniger genau bei der Parameterschätzung.
NOBALANCED oder BALANCED:
Durch BALANCED wird eine ausgeglichene Durchführung angefordert, die möglich ist, falls ein ausgeglichenes Design und Orthogonalität des Ansatzes vorliegt.Voreinstellung: NOBALANCED.
NOLASTRES oder LASTRES:
Durch die Angabe LASTRES wird der letzte Effekt als Differenz der Quadratsummen zwischen den Gruppen berechnet. NOLASTRES bewirkt, daß auch die Parameter zum letzten Effekt geschätzt werden.
Durch SSTYPE (type of sum of square) wird die Methode spezifiziert, nach der die Quadratsummen aufgeteilt werden. Durch UNIQUE wird jedem Effekt nur die spezifisch durch ihn erklärbare Varianz zugeordnet, d.h. alle anderen Effekte werden auspartialisiert (Regressionsmethode). Bei Angabe von SEQUENTIAL (Voreinstellung) wird für die durch einen Effekt erklärte Varianz alles abgezogen, was auch durch weiter links bei der DESIGN-Angabe stehende Effekte erklärt werden kann.

PARTITION
Durch PARTITION wird ein getrenntes Behandeln der Kontraste zu einem Faktor verlangt. Nach dem Unterkommando wird in Klammern eingeschlossen der Faktorname angegeben.

Diesem folgt nach einem Gleichheitszeichen eine Liste von ganzzahligen Werten, die die Anzahl der Freiheitsgrade für jeden abzuspaltenden Anteil bestimmen. Jeder Wert in der Liste muß größer als Null und kleiner als die Zahl der Freiheitsgrade des Faktors sein. Außerdem muß die Summe der Werte kleiner oder gleich der Anzahl der Freiheitsgrade des Faktors sein. Ist die Summe kleiner, wird ein letzter Bestandteil automatisch gebildet.

```
PARTITION(Faktorname)=(f1,...,fn)/
```

CONTRAST
Das Unterkommando CONTRAST gibt die Methode an, nach der die Kontraste (geplante Vergleiche) für einen Faktor gebildet werden.

```
CONTRAST(Faktorname)=Kontrastangabe/
```

Folgende Spezifikationen sind als Kontrastangabe möglich:
DEVIATION[(Vergleichsstufe)]:
Es werden die Abweichungen der Mittelwerte einer Stufe vom Mittel über alle anderen Stufen gebildet. Bei Angabe einer Vergleichsstufe entfällt die Abweichung zu dieser Stufe, sonst zur letzten Stufe.
DIFFERENCE: Differenz oder umgekehrte Helmert-Kontraste.
Es wird eine Stufe des Faktors mit dem Mittel aller vorhergehenden Stufen verglichen.
SIMPLE[(Vergleichsstufe)]: Einfache Kontraste.
Jede Stufe eines Faktors wird mit der letzten verglichen, falls nicht eine andere Vergleichsstufe spezifiziert wurde.
HELMERT: Helmert-Kontraste.
Jede Stufe eines Faktors wird mit dem Mittel aller nachfolgenden Stufen verglichen.
POLYNOMIAL[(X1,...,Xk)]: Orthogonale polynomische Kontraste.
Es können die Abstände zwischen den Stufen des Faktors bei Meßwiederholungen spezifiziert werden. Bei gleichen Abständen kann entweder (1,...,k) angegeben werden, oder die Angabe der Metrik kann entfallen.
REPEATED:
Es werden aufeinanderfolgende Stufen eines Faktors verglichen.
SPECIAL(Matrix):
SPECIAL ermöglicht dem Benutzer, selbst eine spezielle Kontrastmatrix einzugeben. Zuerst werden die Koeffizienten für das Mittel, danach zeilenweise die Koeffizienten für die Kontraste eingegeben. Meist werden die Kontraste orthogonal (in jeder Zeile ist die Summe der Koeffizienten Null und die Produktsumme zweier Kontraste ist gleich Null) gewählt.

SETCONST
Mit SETCONST werden wichtige Konstanten, die in der Prozedur MANOVA benötigt werden, festgelegt.

```
SETCONST=[ZETA(zeta)] [EPS(eps)]/
```

ZETA(zeta)   : Gibt den absoluten Wert an, unterhalb dessen Zahlen beim Ausdruck und der Konstruktion der Designmatrizen als Null interpretiert werden. Voreinstellung: 10E -8.
EPS(eps)   : Gibt die Grenze an, unterhalb derer bei der Dreieckszerlegung der Designmatrizen Zahlen als Null interpretiert werden. Voreinstellung: 10E -8.

ERROR
ERROR gibt den Fehlerterm an, der für die Prüfung der Zwischenfaktoren verwendet wird, für die bei DESIGN nicht ausdrücklich ein Fehlerterm vorgesehen ist. Wie bei DESIGN gibt es vier verschiedene Spezifikationen:
W[ITHIN] : Innerhalb-Fehlerterm
R[ESIDUAL] : Residual-Fehlerterm
WITHIN + RESIDUAL(oder WR oder WS): Summe aus Innerhalb-und Residualfehlerterm.
n : Fehlernummer, die auf dem DESIGN-Kommando vereinbart werden muß.
Ohne ERROR-Angabe wird standardmäßig verwendet:
-der Innerhalb-Term, falls er existiert
-falls kein Innerhalb-Term existiert, wird der Residualterm verwendet
-im Einzelwerte-Modell(METHOD = MODELTYPE(OBSERVATIONS)) die Summe von Residual- und Innerhalbterm.

PRINT und NOPRINT
Mit PRINT und NOPRINT wird der Umfang der Druckausgabe gesteuert. Die Syntax beider Unterkommandos ist gleich. PRINT fordert eine spezielle Angabe an, während NOPRINT die Angabe unterdrückt. PRINT und NOPRINT kontrollieren die folgenden Arten von Informationen, von denen jede allgemeine Spezifikation, die jeweils mit angegeben werden muß, weitere verschiedene Unterspezifikationen besitzt. Zu jeder allgemeinen Spezifikation werden im folgenden kurz die Unterspezifikationen, die in Klammern dahinter zu schreiben sind, beschrieben. Voreinstellungen werden mit ** gekennzeichnet.

```
{ PRINT  }
{        } = Druckangaben:/
{NOPRINT}
```

CELLINFO: Informationen über die Zellen.
MEANS : Zellenmittelwerte, Standardabweichungen, Häufigkeiten
SSCP : Summen der Quadrate und Kreuzprodukte je Zelle
COV : Varianzen und Kovarianzen für jede Zelle
COR : Korrelationsmatrizen für alle Zellen

DESIGN: Designinformationen
DESIGN : Designbasis für jeden Faktor
OVERALL : Designmatrix im reduzierten Modell
DECOMP : QR bzw. Cholesky-Zerlegung des Designs
BIAS : Matrix der Überlappungen der Effekte
SOLUTION : Koeffizienten für die geprüften Linearkombinationen aus den Mittelwerten

HOMOGENITY: Varianzhomogenitätstests
BARTLETT : Bartlett-Box's F-Test
COCHRAN : Cochran's C-Test
BOXM : Box's M (nur im multivariaten Fall)

PRINCOMPS: Statistiken der Hauptkomponenten
COR : Hauptkomponentenanalyse der Fehlerkorrelationsmatrix
COV : Hauptkomponentenanalyse der Fehlervarianzen und Kovarianzen
ROTATE(Rotationstyp) : Rotationsmethode. Es können als Methode gewählt werden: VARIMAX, EQUAMAX, QUARTIMAX oder NOROTATE.

Multivariate Verfahren

NCOMP(n) : Zahl der Hauptkomponenten, die rotiert werden.
MINEIGEN(Grenze) : Ausschluß der Hauptkomponenten mit kleinerem Eigenwert.

ERROR: Fehlermatrizen
SSCP : Fehler-Quadrat- und Produkt-Summen
COV : Fehler-Varianz- und Kovarianz-Matrix
COR : Fehler-Korrelations-Matrix und Standardabweichungen
STDV : Fehler-Standardabweichungen (im multivariaten Fall)

SIGNIF: Signifikanztests
MULIV** : Multivariate F-Tests
EIGEN** : Eigenwerte
DIMENR** : Dimensions-Reduktions-Analyse
UNIV** : Univariate F-Tests
HYPOTH : Quadrat-und Produktsummen für alle zu prüfenden Effekte
STEPDOWN : Roy-Bargmann-Tests
AVERF : Gemittelter F-Test (für Meßwiederholungen)
BRIEF : Knappe Ausgabe multivariater Tests. BRIEF setzt die obigen Unterspezifikationen außer Kraft.
AVONLY : Einzel-Freiheitsgrade der Effekte

DISCRIM: Diskriminanzanalyse
RAW : Koeffizienten der Diskriminanzanalyse für Rohwerte.
STAN : Koeff. der Diskriminanzanalyse für Standardwerte.
ESTIM : Effektschätzungen im Raum der Diskriminanzfunktion.
COR : Korrelationen zwischen abh. und kanonischen Variablen.
ROTATE(Type) : Rotation der Korrelationen zwischen abh. und kanonischen Variablen. Als Typ kann VARIMAX, EQUAMAX oder QUARTIMAX gewählt werden.
ALPHA(Signifikanzniveau) : Signifikanzniveau der kanonischen Variablen. Voreinstellung: 0.15.

PARAMETERS: Parameterschätzungen
ESTIM** : Parameterschätzungen mit Standardfehlern, t-Tests und Konfidenzintervallen.
ORTHO : Orthogonale Parameterschätzungen, die für Quadratsummen verwendet werden.
COR : Korrelationen zwischen den Parametern
NEGSUM : Letzter Parameter als neg. Summe der übrigen (nur für Haupteffkte).

OMEANS: Beobachtete Mittelwerte
VARIABLES(Var.liste) : Nennt die abh. Variablen und Kovariate, für die Mittelwerte gedruckt werden.
TABLES(Var.liste) : Tabelle mit beobachteten Mittelwerten wird ausgedruckt. Der Name eines einzelnen Faktors erzeugt Mittelwerte für seine Stufen, gemittelt über alle anderen Faktoren.
Name1 BY Name2... erzeugt Mittelwerte für alle Kombinationen der beteiligten Faktoren, gemittelt über die beteiligten Faktoren.
TABLES(CONSTANT) : erzeugt Gesamtmittelwerte

PMEANS: Geschätzte und adjustierte Mittelwerte
Format der Variablenliste und die Tabellenanforderung sind gleich mit denen bei OMEANS.

Multivariate Verfahren

ERROR(Fehlerterm) : Nur für Designs mit Kovariaten mit mehreren Fehlertermen; Angabe des zu verwendenden Fehlerterms; Syntax wie bei dem Unterkommando ERROR.

POBS: Geschätzte Werte und Residuen
Für jeden Fall der Datei und jede abh.Variable werden ausgedruckt:
-beobachtete Werte jeder abh. Variablen
-geschätzte Werte jeder abh. Variablen
-Residuen(beobachtet-geschätzt)
-standardisierte Residuen
ERROR(zu benutzender Fehlerterm): wie bei PMEANS.

TRANSFORM: Transformationsmatrix
Es wird die Transformationsmatrix ausgedruckt.

FORMAT: Druckausgabe
WIDE : Druckausgabe wird auf 132 Zeichen je Zeile begrenzt (Voreinstellung).
NARROW : Druckausgabe wird auf 72 Zeichen je Zeile begrenzt.

PLOT
Mit dem PLOT-Unterkommando werden die Anforderungen für Druckerplots zusammengefaßt.
Folgende Plots sind möglich:

CELLPLOTS : Für jede Intervallvariable werden Histogramme der Zellmittelwerte und Kreuzdiagramme der Zellmittelwerte und Zellvarianzen und der Zellmittelwerte und Zellstandardabweichungen gedruckt.

BOXPLOTS : Für jede Intervallvariable und jede Zelle werden Kästchendarstellungen nach Tukey ausgegeben.

NORMAL : Für jede Intevallvariable wird ein 'normal plot' (Werte aus einer Normalverteilung liegen in der Nähe einer diagonalen Geraden) und ein 'detrended normal plot' (Werte aus einer Normalverteilung liegen ungefähr auf einer horizontalen Greaden) ausgegeben.

STEMLEAF : Die Randverteilung jeder Intervallvariablen wird durch Stamm-Blätter-Darstellungen nach Tukey charakterisiert.

ZCORR : Die nach Fisher z-transformierten Korrelationen der Fehlervariablen werden in einem 'half-normal plot' so dargestellt, daß sich im Fall unkorrelierter Fehler in etwa eine Gerade ergeben würde.

PMEANS : Für jede abh. Variable werden beobachtete, adjustierte und geschätzte Mittelwerte und Hauptresiduen dargestellt. Es muß PRINT = PMEANS spezifiziert worden sein, falls dieser Plot ausgeführt werden soll.

POBS : Kreuzdiagramme von beobachteten, von geschätzten Werten und der Fallnummer mit jeweils den standardisierten Residuen, außerdem ein 'normal plot' und 'normal detrended plot' für die standardisierten Residuen. Dieser Plot wird nur ausgeführt, falls PRINT = POBS angegeben wurde.

SIZE({ 40 },{ 25 }) Hiermit kann die voreingestellte Größe
       {Breite} { Höhe }   SIZE(40,25) der Plots geändert werden.

WRITE
Durch das Unterkommando WRITE werden die Ergebnisse der Prozedur MANOVA auf einen Output File geschrieben, der vorher durch ein PROCEDURE OUTPUT-Kommando festgelegt wurde.

Multivariate Verfahren

READ

Mit dem Unterkommando READ können Materialien eingelesen werden, die durch ein WRITE-Kommando ausgeschrieben wurden. Das READ-Unterkommando hat entweder die Form

```
READ=SUMMARY/
```
oder abkürzend
```
READ/
```

Bei Anwendung von READ muß vorher eine INPUT PROGRAM-Anweisung verwendet werden. Ab Version 3 werden READ/WRITE-Unterkommandos durch das MATRIX-Unterkommando ersetzt (siehe Kap. 10.3).

8.7 Diskriminanzanalyse, DISCRIMINANT

Die Diskriminanzanalyse zielt darauf, vorgegebene Gruppen von Elementen in einem noch näher zu definierendem Sinne 'optimal' zu trennen (zu 'diskriminieren'). Von Interesse ist hierbei sowohl der Beitrag, den einzelne Variablen zur Trennung der a priori Gruppen liefern, als auch die Wahrscheinlichkeit, mit der zusätzliche Fälle den bereits existierenden Gruppen richtig zugeordnet werden können.

Die intervallskalierten Meßwerte der Elemente sind nach ihrer Zugehörigkeit zu einer der k Gruppen in einer (n,m)-Datenmatrix zusammengestellt. Als Gruppierungsvariable wird diejenige mehrkategoriale nominale Variable bezeichnet, welche die Gruppenzugehörigkeit der Elemente angibt.

Zur einfacheren Beschreibung des Modellansatzes der Diskriminanzanalyse seien die Spalten der Matrix X durch z-Transformation normiert und mit $Z_{\cdot 1}, \ldots, Z_{\cdot m}$ bezeichnet. Diese sollen mit einer Transformation H auf einen r-dimensionalen Unterraum (Diskriminanzraum), der durch die Variablen $Y_{\cdot 1}, \ldots, Y_{\cdot r}$ mit $r \leq m$ aufgespannt wird, abgebildet werden (in Matrixschreibweise):

$$Y = Z \cdot H \; ,$$

und zwar so, daß die k Gruppen dort möglichst gut getrennt erscheinen. Man fordert also, daß für die Variablen $Y_{\cdot j}$ das Verhältnis der Abweichungsquadratsummen zwischen den Gruppen zu denen innerhalb der Gruppen maximal wird, und daß die Variablen paarweise verschwindende Kovarianzterme besitzen.

Die Streuungsmatrizen T", B", W" der Y berechnen sich aus T,B,W (s. Varianzanalyse) gemäß

$$T" = H' \cdot T \cdot H \; , \; B" = H' \cdot B \cdot H \; , \; W" = H' \cdot W \cdot H \; .$$

Ihre Elemente werden mit $t"_{ij}$, $b"_{ij}$, $w"_{ij}$ bezeichnet.

Die obige Forderung bedeutet dann, daß H so zu wählen ist, daß

$$\frac{b"_{jj}}{w"_{jj}} = \frac{h'_{\cdot j} \cdot B \cdot h_{\cdot j}}{h'_{\cdot j} \cdot W \cdot h_{\cdot j}}$$

maximal wird und außerdem gilt :

Multivariate Verfahren

$$y'_{.j} \cdot y_{.l} = \begin{Bmatrix} 0 \ (j \neq l) \\ \\ 1 \ (j = l) \end{Bmatrix}$$

Diese Bedingungen werden gerade durch die Eigenvektoren h_j des allgemeinen Eigenwertproblems

$$B \cdot h = \lambda \cdot W \cdot h$$

erfüllt.
Für den Rang r von B gilt $r \leq \min(m, k-1)$, so daß es maximal r nichttriviale Eigenvektoren h_j (j = 1,...,r) gibt.
Die linearen Funktionen

$$y_{.l} = Z \cdot h_l \ (l = 1,...,r)$$

heißen *Diskriminanzfunktionen* und die neuen Variablen $Y_{.l}$ nennt man kanonische Variablen oder auch (engl.) *discriminant scores*. Sie sind in der Weise definiert, daß große Schwankungen ihrer Werte vor allem auf Änderungen der Gruppenzugehörigkeit zurückzuführen sind. Werden sie nach absteigenden Eigenwerten $\lambda_1 > ... > \lambda_r > 0$ numeriert, besitzen sie diese Eigenschaft in absteigendem Maße. Die Komponenten der Eigenvektoren h_l dienen zur Beschreibung des Einflusses der Variablen auf die l-te Diskriminanzfunktion.
Setzt man nun voraus, daß die Variablen $X_{.j}$ in den Gruppen g_l (l = 1,...,k) einer m-dimensionalen Normalverteilung $N(\overline{X}_{g_l}, K_l)$ mit Mittelwertvektoren $\overline{X}_{g_l}$ und Kovarianzmatrizen K_l genügen, so kann eine Schätzung angegeben werden, welche es gestattet, Elemente mit unbekannter Gruppenzugehörigkeit in die Gruppe mit größter Wahrscheinlichkeit einzuordnen.
Die Wahrscheinlichkeit eines Elementes X, zu der Gruppe g_l zu gehören, ergibt sich mit Hilfe der Dichtefunktion f_l aus der Beziehung

$$p(g_l, X) = \frac{f_l}{f_1 + ... + f_k}$$

Man wähle die Gruppe mit der größten Wahrscheinlichkeit. Durch die nachträgliche Zuordnung aller in der Diskriminanzanalyse benutzten Elemente nach obiger Vorschrift ergibt sich ein Beurteilungskriterium der Ergebnisse, wenn man diese Gruppierung mit der bekannten Gruppenzugehörigkeit vergleicht.
In manchen Ansätzen werden die f_l (l = 1,...,k) noch mit a priori Wahrscheinlichkeiten der Gruppen gewichtet. Im übrigen stellt obige Zuordnungsvorschrift nur eine von verschiedenen Möglichkeiten dar.
Mit Hilfe des Wilk'schen Lambda läßt sich wie bei der Varianzanalyse ermitteln, in welchem Maße die Diskriminanzfunktionen zur Unterscheidung der Gruppen in der Lage sind.

Zur Beschreibung der Prozedur DISCRIMINANT:

Die Diskriminanzanalyse kann unter gleichzeitiger Einbeziehung aller Diskriminanzvariablen erfolgen oder auch schrittweise. Dann werden, ähnlich wie in der Regressionsanalyse, zunächst die Variablen in die Analyse einbezogen, die nach der gewählten Methode am besten zur Unterscheidung der Gruppen geeignet sind. Häufig wird die Diskriminanzanalyse auch zur Trennung von Fällen einer Stichprobe benutzt, in der die Gruppenzugehörigkeit unbekannt ist. In diesem Fall können zwei Stichproben, bei der einen ist die Gruppenzugehörigkeit bekannt,

Multivariate Verfahren

bei der anderen ist sie unbekannt, zu einer Stichprobe zusammengefügt werden. Die Fälle, für die die Gruppeneinteilung bekannt ist, werden zur Bestimmung der Diskriminanzfunktion herangezogen. Danach werden alle Fälle oder nur die Fälle mit unbekannter Gruppenzugehörigkeit mittels der Diskriminanzfunktion getrennt.

```
DISCRIMINANT GROUPS=Var.name(min,max)/
             VARIABLES=Var.liste/
    [Liste weiterer Unterkommandos]
```

Die Prozedur DISCRIMINANT besitzt eine Reihe von Unterkommandos, von denen das GROUPS- und das VARIABLES-Unterkommando erforderlich sind. Das GROUPS-Unterkommando gibt die Variable an, die die Gruppeneinteilung definiert. Es kann nur eine Variable genannt werden, deren Werte ganzzahlig sein müssen. Durch die Angabe eines Intervalls (min,max) wird der Wertebereich und somit die maximale Anzahl der Gruppen festgelegt. Für leere Gruppen werden keine Berechnungen durchgeführt. Fälle außerhalb des Wertebereichs werden zwar während der Analysephase nicht berücksichtigt, aber sie können während der Klassifikationsphase klassifiziert werden.

Das VARIABLES-Unterkommando nennt alle Diskriminanzvariablen, die bei den folgenden Analysen verwendet werden sollen. Zulässig ist nur die Angabe numerischer Variablen.

Aufstellung weiterer optionaler Unterkommandos:

ANALYSIS:

```
ANALYSIS=Var.liste [(Level)][Var.liste...]
```

In einem Aufruf der Prozedur DISCRIMINANT können mehrere Diskriminanzanalysen durchgeführt werden, falls die Gruppenvariable für alle Analysen gleich ist. Für jede Analyse muß ein ANALYSIS-Unterkommando angegeben werden, auf dem eine Teilmenge der Variablen aufgeführt werden kann, die mit VARIABLES vorher genannt wurden. Die Reihenfolge der Variablen richtet sich bei Verwendung des Schlüsselwortes TO nach der Reihenfolge der Variablen auf dem VARIABLES-Unterkommando. Bei der nicht-schrittweisen Analyse genügt einfach die Angabe einer Liste von Diskriminanzvariablen. Bei schrittweiser Analyse kann ein ganzzahliges Einschlußlevel zwischen 0 und 99 angegeben werden. Alle Variablen müssen das Toleranzkriterium erfüllen, um in die Analyse aufgenommen zu werden. Es gelten folgende Regeln:
- Variablen mit einem höherem Einschlußlevel werden früher einbezogen als solche mit niedrigerem Level.
- Variablen mit gleichem geradem Level werden gleichzeitig einbezogen.
- Variablen mit ungeradem Level werden schrittweise unter Berücksichtigung der mit METHOD angegebenen Methode einbezogen.
- Nur bei Variablen mit Einschlußlevel 1 wird auf Ausschluß überprüft. Falls Variablen auf dem ANALYSIS-Unterkommando zweimal aufgeführt werden, zum einen mit dem gewünschten Einschlußlevel und zum anderen mit dem Level 1, werden auch diese auf Ausschluß überprüft.
- Ein Einschlußlevel von 0 verhindert den Einbezug einer Variablen, jedoch werden die Einschlußkriterien überprüft und die Aufnahmekennwerte errechnet.
- Ohne Angabe eines Levels gilt Level = 1.

SELECT:

```
SELECT=Var.(Wert)/
```

Mit dem Unterkommando SELECT kann für die Berechnung grundlegender Statistiken und Koeffizienten in der Analysephase eine Teilmenge der Fälle ausgewählt werden. Alle Fälle, die in der nach SELECT genannten Variable den bezeichneten Wert haben, werden in die Analysephase einbezogen. Alle übrigen Fälle werden nur in die Klassifikationsphase eingeschlossen.

Die folgenden optionalen Unterkommandos können nach ANALYSIS=... in jeder Reihenfolge angegeben werden. METHOD:

```
METHOD=Angabe der Methode/
```

Das Unterkommando METHOD gibt die Methode zur Variablenselektion an. Wird kein METHOD-Unterkommando oder METHOD=DIRECT spezifiziert, so erfolgt eine nichtschrittweise Diskriminanzanalyse, d.h. alle bei ANALYSIS= angegebenen Variablen werden in die Diskriminanzanalyse einbezogen. Die übrigen Angaben bestimmen bei der schrittweisen Analyse, welches Kriterium zur Auswahl der jeweils nächsten Diskriminanzvariablen dient. Folgende Methoden sind möglich:

WILKS	: Die Variable, die zum kleinsten Wilk'schen Lambda führt, wird ausgewählt.
MAHAL	: Die Variable, die die Mahalanobis-Distanz zwischen den zwei Gruppen, die am nächsten zusammenliegen, maximiert, wird ausgewählt.
MAXMINF	: Die Variable, die zum größten multivariaten F-Wert für die zwei Gruppen mit dem kleinsten F-Wert führt, wird ausgewählt.
MINRESID	: Die Variable, die zur kleinsten ungeklärten Varianz zwischen Paaren von Gruppen führt, wird ausgewählt.
RAO	: Die Variable, die zum größten Zuwachs des Rao's V führt, wird ausgewählt.

Bei allen Methoden müssen alle Variablen das Toleranzkriterium erfüllen, um in die Diskriminanzfunktion aufgenommen zu werden. Bei den schrittweisen Methoden müssen die Variablen zusätzlich das F-Wert-Kriterium erfüllen. Falls eine der schrittweisen Methoden gewählt wird, können Variablen von der Diskriminanzfunktion ausgeschlossen und zusätzliche Variablen aufgenommen werden. Variablen in der Diskriminanzgleichung werden aufgrund ihres F-Wertes von der Analyse ausgeschlossen, falls dieser kleiner ist als ein vorgegebener Wert (s. FIN,FOUT,...):

MAXSTEPS:

```
MAXSTEPS=n/
```

MAXSTEPS gibt die Anzahl der Schritte bei schrittweiser Analyse an, damit mögliche unendliche Schleifen beim Ein- und Ausschluß der Variablen vermieden werden. Wird kein MAXSTEPS-Unterkommando spezifiziert, so wird die maximale Anzahl der Schritte auf die Zahl der Variablen mit Einschlußlevel größer 1 plus 2 mal Zahl der Variablen mit Level 1 festgelegt.

Durch die folgenden sechs Unterkommandos kann die Aufnahme einer Variablen ermöglicht bzw. der Ausschluß verhindert werden.

Multivariate Verfahren

```
TOLERANCE=n/
```

Gibt das Toleranzniveau zwischen 0 und 1 an. Voreinstellung: 0.001. Die Toleranz einer Variablen ist ihr durch die übrigen Variablen nicht erklärter Varianzanteil innerhalb der Gruppen. Unterschreitet eine Variable das angegebene Toleranzkriterium, wird sie nicht zu den diskriminierenden Variablen hinzugenommen. Ebenso werden Variablen, deren Minimaltoleranz (die kleinste Toleranz, die eine Variable hat, wenn die betrachtete Variable in die Diskriminanzfunktion aufgenommen wird) den angegebenen Wert nicht erreicht, nicht aufgenommen.

```
FIN=n /
```

F-to-enter. Voreinstellung: 1.0. n gibt den minimalen Wert für F-to-enter an, mit dem eine Variable noch aufgenommen wird. Falls DIRECT auf dem METHOD-Unterkommando angegeben wurde, wird dieser Wert nicht geprüft.

```
FOUT=n /
```

F-to-remove. Voreinstellung: 1.0. n gibt den minimalen Wert für F-to-remove an, mit dem der Ausschluß von Variablen mit Einschlußlevel 1 verhindert wird.

```
PIN=n /
```

Signifikanzniveau für F-to-enter. Wird PIN angegeben, so wird die Prüfung von FIN vollständig durch die Prüfung der P-Werte ersetzt, bei der die Freiheitsgrade zu den F-Werten mitberücksichtigt werden.

```
POUT=n /
```

Signifikanzniveau für F-to-remove. Wird POUT angegeben, so wird die Prüfung von FOUT vollständig durch die Prüfung der P-Werte ersetzt.

```
VIN=n /
```

Rao's V-to-enter. Voreinstellung: 0. Falls METHOD = RAO spezifiziert wurde, kann über VIN der Mindestzuwachs von Rao's V beim Einschluß einer Variablen angegeben werden.

FUNCTIONS:

```
FUNCTIONS=nf,cp,sig /
```

Die maximale Anzahl der berechenbaren Diskriminanzfunktionen ist gleich der Gruppenzahl minus 1 oder gleich der Zahl der Diskriminanzvariablen, falls diese kleiner ist. Mit dem

Multivariate Verfahren

FUNCTIONS-Parameter kann die Anzahl der Diskriminanzfunktionen beschränkt werden. FUNCTIONS besitzt die folgenden drei Spezifikationen:

nf : Maximale Zahl der Funktionen.
cp : Angabe des kumulierten Mindestprozentsatzes der Eigenwerte. Voreinstellung: 100%.
sig : Maximales Signifikanzniveau für zusätzliche Diskriminanzfunktion. Voreinstellung: 1.0.

Soll z.B. nur ein Standardparameter überschrieben werden, so müssen alle drei Parameter in der oben genannten Reihenfolge angegeben werden, auch wenn die Voreinstellungen erhalten bleiben sollen. PRIORS:

Durch das Kommando PRIORS werden die a priori Wahrscheinlichkeiten für die Gruppenzugehörigkeit festgelegt.

EQUAL : Ordnet jeder Gruppe gleiche Wahrscheinlichkeit zu (Voreinstellung).
SIZE : Legt die Wahrscheinlichkeit proportional zur Gruppengröße fest.
Werteliste : Es kann eine Liste von a priori Wahrscheinlichkeiten aufgeführt werden. Die Wahrscheinlichkeiten werden der Reihe nach angegeben und müssen mit der Zahl der Gruppen übereinstimmen. Die Wahrscheinlichkeiten sollten sich zu 1 aufaddieren.

SAVE:

```
SAVE=[CLASS=Var.name][PROBS=Name][SCORES=Name]/
```

Ein Großteil der Informationen, die mit Statistik 14 erzeugt werden können, können zur aktuellen Datei hinzugefügt werden. Auf dem SAVE-Unterkommando wird die Art der Information, die gespeichert werden soll und der Variablenname, durch den die jeweilige Information gekennzeichnet ist, spezifiziert. Die folgenden drei Schlüsselwörter können angegeben werden, um Variablen mit verschiedenen Informationen hinzuzufügen:

CLASS : Es wird die Variable hinzugefügt, die den geschätzten Gruppenwert als Wert hat, mit dem angegebenem Namen var.name.
PROBS : Für jeden Fall werden die Wahrscheinlichkeiten der Gruppenzugehörigkeit gespeichert. Falls DISCRIMINANT mehrere Wahrscheinlichkeiten berechnet, werden die zugehörigen Variablen fortlaufend nummeriert und erhalten auf der aktuellen Datei die Namen Name1,...,Name n . Der Name kann aus bis zu sieben Zeichen bestehen.
SCORES : Speichert die Diskriminanz-Scores (Diskriminanzfunktionswerte). Die Zahl der Scores ist gleich der Zahl der berechneten Diskriminanzfunktionen. Die Diskriminanz-Scores werden der Reihe nach herausgeschrieben und erhalten auf der Datei den angegebenen Namen mit der laufenden Nummer.

Beispiel:

```
SAVE=SCORES=ZCLUST/
```

In diesem Beispiel erhalten die Diskriminanz-Scores den Namen ZCLUST1,...

Multivariate Verfahren

Liste der Optionen:

1 : Einschluß der Fälle mit fehlenden Werten.
2 : Ausgabe von Matrixmaterial auf einen Output File, der vorher durch ein PROCEDURE OUTPUT-Kommando benannt werden muß. Mit den Ergebnissen kann eine weitere Datei bearbeitet werden.
3 : Einlesen von Matrixmaterial. Notwendig hierfür ist ein INPUT PROGRAM-Kommando. Ab Version 3 wird die Ein-/Ausgabe von Matrixmaterial über das MATRIX-Unterkommando gesteuert (siehe Kap.10.3).
4 : Unterdrückt den schrittweisen Output.
5 : Unterdrückt die zusammenfassende Abschlußtabelle.
6 : Die Diskriminanzfunktionskoeffizientenmatrix wird nach dem VARIMAX-Verfahren rotiert.
7 : VARIMAX-Rotation der Strukturmatrix (Korrelationskoeffizienten zwischen Variablen und Diskriminanzfunktionen).
8 : Fälle mit missing values werden nicht während der Analysephase berücksichtigt, jedoch werden in der Klassifikationsphase die fehlenden Werte durch den Mittelwert ersetzt.
9 : Während der Klassifikationsphase werden nur die Fälle berücksichtigt, die durch SELECT ausgeschlossen wurden.
10: Klassifikation nur für die Fälle, die durch die GROUPS-Spezifikation von der Analyse ausgeschlossen wurden.
11: Anstelle der gepoolten Within-Groups-Kovarianzmatrix werden die Kovarianzmatrizen der einzelnen Gruppen für die Klassifikation verwandt.

Liste der Statistiken:

1 : Mittelwert und alle Gruppenmittelwerte der Diskriminanzvariablen.
2 : Standardabweichungen der Diskriminanzvariablen, für die Gesamtheit der klassifizierten Fälle und für alle Gruppen.
3 : Gepoolte Within-Groups-Kovarianzmatrix.
4 : Gepoolte Within-Groups-Korrelationsmatrix.
5 : Eine Matrix der F-Werte für den Vergleich aller Paare von Gruppen wird ausgedruckt; nur möglich bei schrittweiser Methode.
6 : F-Tests auf Gleichheit der Gruppenmittelwerte für jede Diskriminanzvariable.
7 : F-Test auf Gleichheit der Gruppenkovarianzmatrizen, sogenannter Box's M-Test.
8 : Ausdruck der Kovarianzmatrizen der Gruppen.
9 : Ausdruck der Gesamtkovarianzmatrix.
10: Eine Graphik der Clusterterritorien ('territorial map') wird gezeichnet.
11: Unstandardisierte kanonische Diskriminanzfunktionskoeffizienten.
12: Ausdruck der Koeffizienten der Klassifikationsfunktion. Obwohl diese Koeffizienten nicht direkt zur Klassifikation der Fälle benutzt werden können, können damit andere Stichproben klassifiziert werden.
13: Ausdruck einer Tabelle mit den Ergebnissen der Klassifikation. Bei Angabe von SELECT wird eine Tabelle für die ausgewählten und eine für die nichtausgewählten Fälle erstellt.
14: Ausdruck der Diskriminanz-Scores und der folgenden Informationen für jeden Fall: Fallnummer, Zahl der missing values, Wert der SELECT-Variable, Nummer der Gruppe, zu der der Fall tatsächlich gehört, Nummer der nächstliegenden Gruppe (G); die Wahrscheinlichkeit für einen Fall aus Gruppe G, so weit vom Centroiden entfernt zu sein (P(X/G)), die Zugehörigkeitswahrscheinlichkeit des Falles zu Gruppe: (P(G/X)), Nummer der zweitnächsten Gruppe und Zugehörigkeitswahrscheinlichkeit.
15: Druckerplot sämtlicher Gruppen. Falls nur eine Diskriminanzfunktion vorliegt, wird ein Histogramm gedruckt, für zwei und mehr Funktionen wird eine bivariate Verteilung erstellt, bei der die ersten Funktionen die Achsen definieren.
16: Separater Plot für jede Gruppe. In jedem Plot werden nur die Fälle der jeweiligen Gruppe dargestellt. Die Plots entsprechen den bei Statistik 15 beschriebenen.

```
//*                   Beispiel 10
//    EXEC SPSSX
//SFILE   DD DSN=URZ27.SKURS,DISP=SHR
TITLE 'Statistische Datenanalyse mit dem SPSS-X'
GET FILE=SFILE
SET LENGTH=NONE

SUBTITLE 'Diskriminanzanalyse mit DISCRIMINANT'
RECODE GESCHL ('M'=1) ('W'=2) INTO NGESCHL
DISCRIMINANT GROUPS=NGESCHL(1,2)/
 VARIABLES=LAUF100M TO KSTOSS/
OPTIONS 4,8,11
STATISTICS 1,2,5,6,10,11,12,13,15


SUBTITLE 'Schrittweise Diskriminanzanalyse mit DISCRIMINANT'
DISCRIMINANT GROUPS=SPORT(1,4)/
 VARIABLES=LAUF100M TO KSTOSS/
 ANALYSIS =LAUF100M TO KSTOSS/
 METHOD=RAO/TOLERANCE=0.1/PIN=0.1/POUT=0.2/ /* Fuer schrittweise D.A.
 SAVE=SCORES=ZSCORE/   /* Diskriminanzfunktionswerte: ZSCORE1,...
OPTIONS 4,8,11
STATISTICS 1,2,5,6,10,11,12,13,15

SUBTITLE 'Auswertung der Discriminanzfunktionswerte'
FREQUENCIES VARIABLES=ZSCORE1 ZSCORE2/HISTOGRAMM=NORMAL/
   FORMAT=NOTABLES/STATISTICS=ALL/
//*              Ende Beispiel 10
```

Beispiel 10: Beispiel für den Aufruf der Prozedur DISCRIMINANT mit anschließender Auswertung der Diskriminanzfunktion

8.8 Proximitätsmaße, PROXIMITIES

Mit der Prozedur PROXIMITIES können verschiedene Proximitätsmaße zwischen Fällen oder Variablen berechnet werden. Dabei steht "Proximität" als Oberbegriff für Distanzen oder Ähnlichkeiten.
Schon "umgangssprachlich" ist nahegelegt, daß kleine Distanzen große Ähnlichkeiten bzw. kleine Ähnlichkeiten große Distanzen darstellen. Beide sind also komplementäre Möglichkeiten, "Proximität" zu messen, und sie lassen sich ineinander umrechnen. Jedes Ähnlichkeitsmaß kann man in ein Distanzmaß umtransformieren und umgekehrt (vgl. das Unterkommando REVERSE).
Im Einzelfall - bei der Auswahl eines problemadäquaten speziellen Proximitätsmaßes - hat man allerdings auf die Typunterscheidung (Distanz / Ähnlichkeit) zu achten. Beispielsweise verlangt die Prozedur CLUSTER bei Eingabe von Proximitätsmaßen eine Information darüber, ob es sich um ein Ähnlichkeitsmaß (READ = SIMILAR) oder um ein Distanzmaß (Voreinstellung: READ) handelt.
Die Distanzen oder Ähnlichkeitskoeffizienten können gedruckt, als Rohdaten oder als SPSS^X-System File ausgegeben werden. Die Berechnung von Distanz- oder Ähnlichkeitsmaßen ist insbesondere für die Weiterverwendung in einer Clusteranalyse (Prozedur CLUSTER) oder MDS (multidimensionale Skalierung: Prozedur ALSCAL, die hier allerdings nicht beschrieben wird) von Interesse.
Die Berechnung von Distanzen bzw. Ähnlichkeiten zwischen Fällen benötigt Hauptspeicherplatz, dessen Größe vom Quadrat der Fallzahl abhängt. Daher beschränkt sich die Anwendung

Multivariate Verfahren

der Prozedur PROXIMITIES zur Berechnung von Distanz- bzw. Ähnlichkeitsmatrizen zwischen Fällen auf kleinere bis mittlere Fallzahlen.

Allgemeiner Aufbau der Prozedur PROXIMITIES:

```
PROXIMITIES Var.liste
                {INCLUDE }
     [/MISSING = {        }]
                {LISTWISE}
                         {SQUARE     }
     [/READ = [SIMILAR] [{TRIANGULAR }] ]
                         {SUBDIAGONAL}
                                    {  Z    }
                                    {  SD   }
                    { CASE     }    { RANGE }
     [/STANDARDIZE = [{        }] [{  MAX  }] ]
                    {VARIABLE}     {  MEAN }
                                    {RESCALE}
              { CASE    }
     [/VIEW ={         }]
             {VARIABLE}

     [/ID = Var.name ]

              {PROXIMITIES}
     [/PRINT = [{         } ]
              {  NONE     }

     [/WRITE = [PROXIMITIES] ]

                 {    *    }
     [/OUTFILE = [{       }] ]
                 {Dateiname}

                 { NONE }
     [/MEASURE = [{     }] [ABSOLUTE] [REVERSE] [RESCALE]]
                 { Maß  }

     wobei folgende Setzungen für Maß zugelassen sind:
          EUCLID       RR[(p[,n])]        PHI[(p[,n])]
          SEUCLID      SM[(p[,n])]        LAMBDA[(p[,n])]
          COSINE       JACCARD[(p[,n])]   D[(p[,n])]
          CORR         DICE[(p[,n])]      Y[(p[,n])]
          BLOCK        SS1[(p[,n])]       Q[(p[,n])]
          CHEBYCHEV    RT[(p[,n])]        BEUCLID[(p[,n])]
          POWER(p,r)   SS2[(p[,n])]       SIZE[(p[,n])]
          MINKOWSKI(p) K1[(p[,n])]        PATTERN[(p[,n])]
                       SS3[(p[,n])]       BSEUCLID[(p[,n])]
          CHISQ        K2[(p[,n])]        BSHAPE[(p[,n])]
          PH2          SS4[(p[,n])]       DISPER[(p[,n])]
                       HAMANN[(p[,n])]    VARIANCE[(p[,n])]
                       OCHIAI[(p[,n])]    BLWMN[(p[,n])]
                       SS5[(p[,n])]
```

Var.liste spezifiziert die Variablen, die zur Berechnung der Distanzen / Ähnlichkeiten verwendet werden. Wird keine weitere Spezifikation gewählt, so berechnet PROXIMITIES (als

Multivariate Verfahren

Voreinstellung) euklidische Distanzen aus diesen Variablen zwischen den Fällen. Falls VIEW`=VARIABLE spezifiziert wurde (s.u.), so werden hiermit diejenigen Variablen genannt, zwischen denen PROXIMITIES die Distanzen bzw. Ähnlichkeiten berechnen soll.

Alle folgenden Spezifikationen sind optional für das PROXIMITIES-Kommando.

MISSING
LISTWISE : Ein Fall wird ausgeschlossen, wenn nur eine der Variablen einen missing-value hat (Voreinstellung).
INCLUDE : Einschluß von user-missing values.

STANDARDIZE
VARIABLE : Standardisiert für jede Variable (Voreinstellung).
CASE : Standardisiert innerhalb jedes Falles.
Standardisierungsvorschrift:
Z : Z-Transformation: Mittelwert = 0, Standardabweichung = 1.
SD : Standardisiert auf Standardabweichung = 1.
RANGE : Jeder Wert wird durch den Range (= Maximum-Minimum) dividiert.
MEAN : Standardisiert auf Mittelwert = 1.
MAX : Standardisiert auf Maximum = 1.
RESCALE : Standardisiert auf Wertebereich zwischen 0 und 1.
NONE : Keine Standardisierung (Voreinstellung).

VIEW
Auswahl, ob Distanz- bzw. Ähnlichkeitsmatrix zwischen Fällen (CASE, voreingestellt) oder Variablen (VARIABLE) zu berechnen sind.

MEASURE
Auswahl einer Anzahl von Distanz- und Ähnlichkeitsmaßen.

Erläuterung zu einigen ausgewählten Proximitätsmaßen

NONE: Es werden keine Proximitäten berechnet. NONE wird lediglich in Verbindung mit der READ-Spezifikation (s.u.) verwendet.

Proximitätsmaße für metrische Daten
EUCLID : euklidische Distanz
SEUCLID : quadrierte euklidische Distanz
CORRELATION : Korrelationskoeffizient (Ähnlichkeitsmaß)
BLOCK : Cityblock-Distanz: Summe der Absolutbeträge der Differenzen.
CHEBYCHEV : Maximale Differenzbeträge (Distanz)
MINKOWSKI (p) : Minkowski-p-Distanz

Proximitätsmaße für Häufigkeitstabellen
CHISQ : Wurzel aus dem Chiquadratwert der Häufigkeitstabelle der beiden Variablen /Fälle (Ähnlichkeitsmaß)
PHZ : CHISQ/$\sqrt{N}$ (Ähnlichkeitsmaß)

Proximitätsmaße für binäre Daten
Proximitätsmaße in den Spalten 2 und 3 des MEASURE-Unterkommandos beziehen sich auf binäre Variablen, also solche, die nur zwei Werte p und n (Voreinstellung p = 1, n = 0) annehmen können.
In den folgenden Beschreibungen bedeuten für zwei Variablen /Fälle x und y:
a = Anzahl gemeinsamer p's.

Multivariate Verfahren

b = Anzahl: x hat p und y hat n.
c = Anzahl: x hat n und y hat p.
d = Anzahl gemeinsamer n's.

Die einzelnen Proximitätsmaße unterscheiden sich darin, inwieweit gemeinsame n's (=Übereinstimmng in nicht vorhandenen Positionen) in die Berechnung mit einbezogen werden und inwieweit Übereinstimmungen gewichtet werden.

RR	$a/(a+b+c+d)$	Russel&Rao
SM	$(a+d)/(a+b+c+d)$	Simple Matching
JACCARD	$a/(a+b+c)$	Jaccard,Tanimoto
DICE	$2a/(2a+b+c)$	Dice, Czekanowski
SS1	$2(a+d)/(2(a+d)+b+c)$	Sokal&Sneath 1
RT	$(a+d)/(a+d+2(b+c))$	Rogers&Tanimoto
SS2	$a/(a+2(b+c))$	Sokal&Sneath 2
K1	$a/(b+c)$	Kulczynski 1
SS3	$(a+d)/(b+c)$	Sokal&Sneath 3
K2	$(a/(a+b)+a/(a+c))/2$	Kulczynski 2
SS4	$(a/(a+b)+a/(a+c)+d/(b+d)+d/(c+d))/4$	Sokal&Sneath 4
HAMANN	$((a+d)-(b+c))/(a+b+c+d)$	Hamann
SS5	$(ad)/\mathrm{SQRT}((a+b)(a+c)(b+d)(c+d))$	Sokal&Sneath 5
PHI	$(ad-bc)/\mathrm{SQRT}((a+b)(a+c)(b+d)(c+d))$	Phikoeffizient
		(binärer Korrelationskoeffizient)
BEUCLID	$\mathrm{SQRT}(b+c)$	entspricht eukli. Distanz
BSEUCLID	$b+c$	quadrierte eukl. Distanz
SIZE	$(b-c)^2/(a+b+c+d)^2$	Größenkoeffizient (Distanz)
PATTERN	$bc/(a+b+c+d)^2$	Pattern-Differenz (Distanz)
BSHAPE	$((a+b+c+d)(b+c)-(b-c)^2)/(a+b+c+d)^2$	Distanz
DISPER	$(ad-bc)/(a+b+c+d)^2$	
VARIANCE	$(b+c)/4(a+b+c+d)$	Distanz
BLWNN	$(b+c)/(2a+b+c)$	Binary Lance & Williams (Distanz)

Wenn nicht ausdrücklich Distanz angegeben ist, handelt es sich bei o.g. Maßen um Ähnlichkeitsmaße.
Neben der Auswahl eines Distanzmaßes können noch zusätzliche Transformationen dieser Distanzmaße angefordert werden:
ABSOLUTE : Es wird der Absolutwert genommen.
REVERSE : Transformiert Ähnlichkeitsmaße in Distanzmaße oder umgekehrt.
RESCALE : Skaliert auf Werte zwischen 0 und 1.
Werden mehrere Transformationen gewünscht, so werden sie in der o.g. Reihenfolge (ABSOLUTE, REVERSE, RESCALE) durchgeführt. Die obigen Transformationen können auch in Verbindung mit der READ-Spezifikationen (s.u.) verwendet werden.

READ
Das Einlesen einer Proximitätsmatrix als Rohdaten geschieht mit READ. Erforderlich ist die Angabe der Datei, von der gelesen werden soll, mit Hilfe eines vorangehenden INPUT MATRIX-Kommandos.
SIMILAR : Die Matrix enthält Ähnlichkeitskoeffizienten (Voreinstellung: Distanzen).
Mit den folgenden Unterkommandos, von denen maximal eines vorkommen darf, wird die Struktur der einzelnen Matrix angegeben.
SQUARE : Volle quadratische Matrix (Voreinstellung).
TRIANGULAR : Untere Dreiecksmatrix (einschließlich der Diagonalen).
SUBDIAGONAL : Untere Dreiecksmatrix (ohne Diagonale).

Multivariate Verfahren

WRITE
Die Ausgabe einer Proximitätsmatrix auf eine Datei geschieht mit WRITE. Erforderlich ist die Angabe der Datei, auf die zu schreiben ist (Format 5F16.5) mit Hilfe eines vorangehenden PROCEDURE OUTPUT-Kommandos. Wahlweise kann man noch das Schlüsselwort PROXIMITIES verwenden.
Ab Version 3 wird die Ein-/Ausgabe von Matrix-Material durch das MATRIX-Unterkommando gesteuert (siehe Kap 10.3 und Beispiel 12a).

PRINT
Druckausgabe der Proximitätsmatrix (Vorsicht: kann umfangreich sein).
PROXIMITIES   : es wird gedruckt
NONE   : es wird nicht gedruckt

OUTFILE
Die Proximitätsmatrix kann mit dem Unterkommando OUTFILE in einem $SPSS^X$-System File oder in dem active file abgespeichert werden. Es wird ein System File erstellt, in dem die quadratische Proximitätsmatrix gespeichert wird. Wird ein Dateiname angegeben, so wird der System File in diese Datei geschrieben, im Falle von OUTFILE = * wird der active file überschrieben. Falls VIEW = VARIABLES spezifiziert wurde, bekommen die neuen Variablen den gleichen Namen wie die alten Variablen; im Fall VIEW = CASE heißen die neuen Variablen CASE1, ... ,CASEn, wobei n die Anzahl der Fälle (der größten Split-File Gruppe) ist.
(Anmerkung: Das Einlesen eines System Files mit einer Distanz / Matrix ist derzeit nur bei der Prozedur ALSCAL vorgesehen, die hier nicht beschrieben wird).

ID
Mit dem Kommando ID = Var.name kann man eine Stringvariable angeben, welche in der Ausgabe die Fälle identifiziert.

Ein Beispiel für die Anwendung der Prozedur Proximities findet sich auf Seite 135 (Bsp. 12).

8.9 Clusteranalysen

Clusteranalyse (automatische Klassifikation, numerische Taxonomie) ist ein Sammelbegriff für eine Reihe von Ansätzen und Verfahren der multivariaten Datenanalyse, die das Ziel haben, Objekte (Fälle, 'Cases') in Klassen von untereinander ähnlichen Objekten einzuteilen und somit größere Datenmengen auf wenige überschaubare Interpretationseinheiten zu reduzieren. Clusteranalysen lassen sich auch - in Verallgemeinerung der Faktorenanalyse - zur Klassifikation von Variablen einsetzen. Die Aufgabe bei der Clusteranalyse besteht darin, dem Klassifikationsziel (und danach ausgewählten Variablen) entsprechend ein Ähnlichkeits- oder Distanzmaß festzulegen und mit Hilfe von geeigneten Verfahren eine Klasseneinteilung herzustellen. Zur Konstruktion von Ähnlichkeits- und Distanzmaßen gibt es zahlreiche Vorschläge, die sich z.B. nach dem Skalenniveau der verwendeten Variablen aber auch nach inhaltlichen Gesichtspunkten unterscheiden, und auch zahlreiche Clusteranalysealgorithmen.

8.9.1 CLUSTER

Die Prozedur CLUSTER im $SPSS^X$ (ab Version 2) führt hierarchische Clusteranalysen durch.

Aufruf:

```
CLUSTER Var.liste /... weitere Unterkommandos
```

Multivariate Verfahren

Es gibt eine Reihe von weiteren optionalen Unterkommandos, die sich auf missing value-Optionen, Ein-, Ausgabe sowie Auswahl von Ähnlichkeitsmaßen, Methodenauswahl u.a. beziehen.

Beschreibung der Unterkommandos:

MISSING =
Mit MISSING wird die Behandlung von missing values festgelegt.
LISTWISE : Ausschluß von Fällen mit missing values.
INCLUDE : Einschluß von User-missing Values.
DEFAULT : Voreinstellung, wie LISTWISE.

READ =
Mit READ werden Ähnlichkeits- oder Distanzmatrizen von einer Eingabedatei eingelesen. Diese Datei ist vorher mit INPUT MATRIX zu definieren.
SIMILAR : Die Matrix enthält Ähnlichkeitskoeffizienten. Voreinstellung: Distanzwerte.
TRIANGLE : Die Matrix ist eine untere Dreiecksmatrix einschließlich der Diagonalen.
LOWER : Die Matrix ist eine untere Dreiecksmatrix ohne Diagonale. Voreinstellung: Quadratische Matrix.

Bemerkung: Im Zusammenhang z.B. mit PEARSON CORR oder PROXIMITIES läßt sich die Prozedur CLUSTER auch zum Clustern von Variablen verwenden (s.u. Beispiel 12).

WRITE [= DISTANCE]
Die berechnete Ähnlichkeits- oder Distanzmatrix wird auf einem Ausgabemedium gespeichert. Diese Datei muß vorher mit PROCEDURE OUTPUT definiert werden.
Ab Version 3 wird anstelle des READ-/WRITE Unterkommandos zur Ein-/Ausgabe von Matrixmaterial das einheitliche MATRIX-Unterkommando verwendet (Siehe Kap10.3 und Beispiel 12a).

MEASURE =
Mit MEASURE wird ein Distanz-Maß ausgewählt. Folgende Maße sind möglich:
SEUCLID : Quadrierte euklidische Distanz (Voreinstellung)
EUCLID : euklidische Distanz
COSINE : Cosinus des Winkels zwischen zwei Variablenvektoren
BLOCK : City-block-Distanz (Summe der Absolutdifferenzen)
CHEBYCHEV : Tschebyscheff Distanz: maximaler Differenzbetrag
POWER(p,r) : r-te Wurzel aus der Summe der p-ten Potenzen der absoluten Differenzen der Variablenwerte
DEFAULT : SEUCLID

METHOD =
Mit dem Unterkommando METHOD wird ein Verfahren ausgewählt.

BAVERAGE[(name)] : Average Linkage zwischen den Gruppen (Voreinstellung).
WAVERAGE[(name)]: Average Linkage innerhalb der Gruppen
SINGLE[(name)] : Single Linkage
COMPLETE[(name)] : Complete Linkage
CENTROID[(name)] : Centroid-Verfahren
MEDIAN[(name)] : Median-Verfahren
WARD[(name)] : Ward's Verfahren

Mit der Spezifikation 'name' wird ein Variablenname (Rootname aus maximal 7 Zeichen) vorgegeben, unter dem die Clusterzugehörigkeit in das active File gespeichert werden kann (siehe : SAVE-Kommando).

SAVE

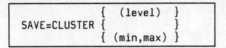

Clusterzugehörigkeit(en) bei der Clusterlösung mit 'level' Clustern oder für die Clusterlösungen von min bis max. Cluster werden dem active File als neue Variablen zugefügt. Die Namen werden durch die name-Spezifikation (als root-name) im METHOD-Unterkommando vorgegeben.

ID = Var.name
Angabe einer String-Variablen zur Identifikation der Fälle.

PRINT =
    CLUSTER(min,max) : Es werden die Clusterzugehörigkeiten (von min bis max Cluster) aller Fälle ausgedruckt.
    DISTANCE : Ausdruck der Distanzmatrix (kann sehr umfangreich sein).
    SCHEDULE : Druckt den Verlauf des agglomeraten Verfahrens aus (Voreinstellung).

PLOT =
    HICICLE[(min[,max[,inc]])]
    VICICLE[(min[,max[,inc]])]
horizontaler oder vertilaler 'ICICLE'-Plot:
Clusterlösungen von min bis max. Cluster (mit Inkrement inc) werden graphisch dargestellt (d.h. die jeweiligen Clusterzusammensetzungen). **DENDROGRAM**
Ausdruck eines Dendrogramms.

```
//*                  Beispiel 11
// EXEC SPSSX
//SFILE   DD DSN=URZ27.SKURS,DISP=SHR
TITLE 'Statistische Datenanalyse mit dem SPSS-X'
GET FILE=SFILE
SET LENGTH=NONE

SUBTITLE 'Hierarchische Clusteranalyse mit CLUSTER'
CLUSTER LAUF100M TO WEITSPR/MISSING=LISTWISE/
 MEASURE=SEUCLID/METHOD=WARD(CLUSTNR)/SAVE=CLUSTER (4)/
 PRINT=CLUSTER (3,5)/PLOT=DENDROGRAM/ID=LFDNR

SUBTITLE 'Weiterverarbeitung der Cluster mit BREAKDOWN'
BREAKDOWN TABLES=LAUF100M TO WEITSPR BY CLUSTNR4
STATISTICS 1

FINISH
//*                  Ende Beispiel 11
```

Beispiel 11: Beispiel für den Aufruf von CLUSTER

Multivariate Verfahren

```
//*                     Beispiel 12
// EXEC SPSSX
//CORR DD UNIT=WORK,DSN=&&C,DISP=(NEW,PASS),
// DCB=(RECFM=FB,LRECL=80,BLKSIZE=6000),SPACE=(6000,(2,1))
//PROX DD UNIT=WORK,DSN=&&P,DISP=(NEW,PASS),
// DCB=(RECFM=FB,LRECL=80,BLKSIZE=6000),SPACE=(6000,(2,1))
//SFILE   DD DSN=URZ27.SKURS,DISP=SHR
TITLE 'Clusteranalyse mit Variablen'
SET LENGTH=NONE

GET FILE=SFILE
COMMENT Es werden mit der Prozedur PEARSON CORR
 Korrelationskoeffizienten berechnet und auf einen
 Output file geschrieben (PROCEDURE OUTPUT erforderlich).
 Dieser wird von CLUSTER eingelesen.
 Alternativ kann man auch die Prozedur PROXIMITIES
 benutzen, was anschliessend demonstriert wird.

SUBTITLE 'Korrelationsmatrix berechnen und Speichern mit PEARSON CORR'
PROCEDURE OUTPUT OUTFILE=CORR
PEARSON CORR S01 TO S20
OPTIONS 2,4 /* 4 bewirkt Ausgabe der Korrelationsmatrix auf Output File

SUBTITLE 'Clusteranalyse mit Korrelationsmatrix'
INPUT MATRIX FILE=CORR/ FREE
CLUSTER S01 TO S20/READ=SIMILAR/METHOD=COMPLETE/
 PRINT=CLUSTER (3,5)/PLOT=DENDROGRAM

SUBTITLE 'Das gleiche jetzt mit PROXIMITIES'
COMMENT PROXIMITIES berechnet Aehnlichkeitsmasse
 wahlweise zwischen Variablen und Faellen
PROCEDURE OUTPUT OUTFILE=PROX
PROXIMITIES S01 TO S20/VIEW=VARIABLES/
 MEASURE=CORRELATION/WRITE

SUBTITLE 'Clusteranalyse mit Korrelationsmatrix'
INPUT MATRIX FILE=PROX
CLUSTER S01 TO S20/READ=SIMILAR/METHOD=COMPLETE/
 PRINT=CLUSTER (3,5)/PLOT=DENDROGRAM

FINISH
//*                     Ende Beispiel 12
```

Beispiel 12: Beispiel für den kombinierten Aufruf von PEARSON CORR, CLUSTER und PROXIMITIES für eine Variablenclusterung.


```
// EXEC SPSSX,VERSION=30
//SFILE   DD DSN=URZ27.SKURS,DISP=SHR
TITLE 'CLUSTERANALYSE MIT VARIABLEN'
SET LENGTH=NONE

GET FILE=SFILE

SUBTITLE 'KORRELATIONSMATRIX BERECHNEN UND SPEICHERN MIT PROXIMITIES'
PROXIMITIES S01 TO S20/VIEW=VARIABLES/
```

```
MEASURE=CORRELATION/MATRIX=OUT (*)

SUBTITLE 'CLUSTERANALYSE MIT KORRELATIONSMATRIX'
CLUSTER S01 TO S20/MATRIX=IN(*)/METHOD=COMPLETE/
PRINT=CLUSTER (3,5)/PLOT=DENDROGRAM

FINISH
```

Beispiel 12a: Kombination von PROXIMITIES und CLUSTER mit Verwendung des MATRIX-Unterkommandos (ab Version 3.).

8.9.2 QUICK CLUSTER

Die Prozedur QUICK CLUSTER stellt ein nichthierarchisches Ein-Pass-Verfahren dar: Ausgehend von vorgegebenen (oder im Verfahren geschickt berechneten) Clusterzentren werden die Fälle demjenigen Cluster zugeordnet, zu dem sie die geringste Distanz haben.

Die Prozedur QUICK CLUSTER führt nur einen Durchgang (Pass) aus. Es besteht allerdings die Möglichkeit, QUICK CLUSTER mehrfach hintereinander aufzurufen, wobei die Clusterzentren im jeweils nachfolgendem Aufruf als Ausgangswerte dienen. Auf diese Weise können wenigstens einige Durchgänge eines (normalerweise konvergenten) Iterationsverfahrens simuliert werden.

Aufruf

```
QUICK CLUSTER Var.liste /...weitere Unterkommandos
```

Die weiteren optionalen Unterkommandos beziehen sich auf Missing-Values, Ein-, Ausgabe von Clusterzentren, u.a..

MISSING =
legt die Behandlung von missing values fest.
LISTWISE   : Ausschluß von Fällen mit missing values (Voreinstellung).
PAIRWISE   : Die jeweiligen Distanzen werden nur mit den Variablen berechnet, die gültige Werte haben.
INCLUDE   : Einschluß von User-missing Values.
DEFAULT   : wie LISTWISE

READ[INITIAL]
Eingabe der Clusterzentren von einer Eingabedatei, die mit INPUT MATRIX vorher definiert werden muß. Eingabe der Werte in dem selben Format, wie sie von WRITE (s.u.) ausgegeben werden.
Ab Version 3 des SPSS ^{X} wird anstelle des READ Unterkommandos zum Einlesen von Clusterzentren (die als SYSTEM FILE vorliegen müssen) das Unterkommando FILE= Dateiangabe verwendet. Auf das INPUT MATRIX Kommando ist dann zu verzichten. (Siehe Beispiel 13a).

INITIAL = (Werteliste)
Vorgabe der Clusterzentren durch Werteliste: Für jede Variable und für jedes Cluster müssen Werte vorhanden sein. (reihenweise pro Cluster)

Multivariate Verfahren

CRITERIA =
    CLUSTER(k) : Die Anzahl der zu bildenden Cluster k muß vorgegeben werden. Voreinstellung: k = 2.
    NOINITIAL : Wenn weder mit dem READ- noch mit dem INITIAL-Unterkommando Clusterzentren vorgegeben werden, benutzt QUICK CLUSTER die ersten k Fälle ohne missing values als Clusterzentren. Falls NOINITIAL nicht spezifiziert wird, versucht QUICK CLUSTER k Fälle ohne missing values so als Clusterzentren auszuwählen, daß diese Fälle möglichst gut getrennt erscheinen.
    NOUPDATE : Normalerweise werden die Clusterzentren neu berechnet, wenn ein neuer Fall dem jeweiligen Cluster zugewiesen wird. Bei Spezifikation von NOUPDATE unterbleibt diese Neuberechnung.

PRINT =
    CLUSTER : Ausdruck der Clusterzugehörigkeiten je Fall (kann umfangreich sein)
    ID(Var.name) : Angabe einer Variablen zur Identifikation der Fälle
    INITIAL : Ausdruck der Anfangsclusterzentren
    DISTANCE : Ausdruck der Distanzen zwischen den endgültigen Clusterzentren
    ANOVA : univariater F-Test für jede Variable bei der endgültigen Clusterlösung

WRITE [= FINAL]
Speichern der endgültigen Clusterzentren auf eine Ausgabedatei (Format 5F16.5, pro Cluster neue Zeile). Diese Datei muß vorher mit PROCEDURE OUTPUT definiert werden.
Anwendungen:
- Eingabe (READ) für weiteren QUICK CLUSTER Lauf, um die Clusterergebnisse iterativ zu verbessern.
- Bei großen Fallzahlen: Clustern einer kleineren Stichprobe und Minimaldistanz-Zuordnung (NOUPDATE) im weiteren QUICK CLUSTER Lauf.
- Bei hoher Clusterzahl: Clusteranalyse 2.Ordnung.

Das Speichern von Clusterzentren erfolgt ab Version 3 des SPSS^X auf System-File mit dem Unterkommando OUTFILE = Dateiangabe. Hierdurch wird das WRITE- Unterkommando und das PROCEDURE OUTPUT Kommando ersetzt (siehe Beispiel 13a).

SAVE
    CLUSTER(Var.name) : Clusterzugehörigkeiten werden als neue Variable Var.name dem active File zugefügt.
    DISTANCE(Var.name): Distanz zum nächsten (zugehörigem) Clusterzentrum wird als neue Variable Var.name dem active File zugefügt.

```
//*              Beispiel 13
//* SO LAEUFT DAS MIT QUICK CLUSTER
//* ************ 2 ITERATIONEN *************
//  EXEC SPSSX
//SFILE    DD DSN=URZ27.SKURS,DISP=SHR
//SCRATCH1 DD UNIT=WORK,DCB=(RECFM=FB,LRECL=80,BLKSIZE=6140),
//  SPACE=(TRK,10),DSN=&&S1,DISP=(NEW,PASS)
TITLE 'Statistische Datenanalyse mit dem SPSS-X'
SET LENGTH=NONE

GET FILE=SFILE
SELECT IF (NMISS(S01 TO S20) EQ 0)

SUBTITLE 'erste Iteration'
```

```
PROCEDURE OUTPUT OUTFILE=SCRATCH1

QUICK CLUSTER S01 TO S20/MISSING=LISTWISE/
 CRITERIA=CLUSTERS (4) NOINITIAL/
 PRINT=ANOVA/
 WRITE=FINAL/

SUBTITLE 'zweite Iteration'
INPUT MATRIX FILE=SCRATCH1

QUICK CLUSTER S01 TO S20/MISSING=PAIRWISE/
 READ=INITIAL/
 CRITERIA=CLUSTERS (4)/
 PRINT=ANOVA/
 SAVE=CLUSTER(CLUSNR)

FREQUENCIES VARIABLES=CLUSNR

FINISH
//*                   Ende Beispiel 13
```

Beispiel 13 : Beispiel für den iterierten Aufruf von QUICK CLUSTER

```
//   EXEC SPSSX,VERSION=30
//SFILE    DD DSN=URZ27.SKURS,DISP=SHR
TITLE 'Statistische Datenanalyse mit dem SPSS-X'
SET LENGTH=NONE

GET FILE=SFILE
SELECT IF (NMISS(S01 TO S20) EQ 0)

QUICK CLUSTER S01 TO S20/MISSING=LISTWISE/
 CRITERIA=CLUSTERS (4) NOINITIAL/
 PRINT=ANOVA/
 OUTFILE=TEMP1

SUBTITLE 'zweite Iteration'
QUICK CLUSTER S01 TO S17/MISSING=PAIRWISE/
 FILE=TEMP1/
 CRITERIA=CLUSTERS (4)/
 PRINT=ANOVA/
 SAVE=CLUSTER(CLUSNR)

FREQUENCIES VARIABLES=CLUSNR

GET FILE=TEMP1
DISPLAY DICTIONARY
LIST VARIABLES=ALL
```

Beispiel 13a: Beispiel für den iterierten Aufruf von QUICK CLUSTER in der Syntax, die ab Version 3 gilt (FILE, OUTFILE-Unterkommandos)

9.0 Die PC-Version des SPSS: SPSS/PC+

SPSS bietet neben Großrechnerversionen auch Mikrorechnerversionen ihrer Produkte an, derzeit für den Macintosh sowie unter den Betriebssystemen SCO XENIX 386, OS/2 und MS-DOS. Das letztgenannte Produkt ist an Hochschulen weitverbreitet, deshalb soll es an dieser Stelle kurz vorgestellt sein.
Die aktuelle Version ist SPSS/PC+ V3.1, als Rechner wird ein marktüblicher IBM-kompatibler PC mit Festplatte vorausgesetzt. Angeboten werden das **Basis**paket (mit Datenverwaltung und grundlegenden Statistiken) und die Zusatzprodukte **Advanced Statistics** (höhere statistische Verfahren), **Tables** (präsentationsreife Tabellen), **Trends** (Zeitreihenanalyse), **Graphics** und **Mapping** (Schnittstellen zu Grafikpaketen) und **Data Entry II** (etwa zur maskenorientierten Datenpflege).
Der kundige SPSS ^{X}-Anwender wird sich insbesondere im **Basis**produkt und im **Advanced Statistics** schnell zurechtfinden; bei der Suche nach MULT RESPONSE wird er **Tables** benutzen, hiermit wird er aber auch vielleicht eine großformatige Tabelle im Querformat am Laserdrucker erzeugen, und zwar mit Inhalten, die auch von FREQUENCIES, CONDESCRIPTIVES bzw. DESCRIPTIVES, CROSSTABS, MEANS bzw. BREAKDOWN oder REPORT berechnet sein könnten. **Graphics** ermöglicht Präsentationsgrafiken wie Balken- oder Kuchendiagramme am Plotter und am hochauflösenden Drucker unter Grafiksystemen wie MS-Chart oder Harvard Graphics, das Produkt **Mapping** ist Schnittstelle zu einem Grafiksystem für systematische Landkarten. **Data Entry II** dient zur bequemen Eingabe der Rohdaten und Pflege der Systemdateien, so sind etwa Plausibilitätskontrollen für eine maskenorientierte Eingabe formulierbar. Die Übernahme von Dateien geläufiger Datenformate ist (wie auch im Basisprodukt) möglich.

Wer halbwegs mit SPSS ^{X} vertraut ist und auch nur elementare Kenntnisse im Umgang mit einem IBM-kompatiblen PC und dessen Betriebssystem MS-DOS hat, wird sich auch schnell in die PC-Version einarbeiten können. Die folgenden Ausführungen ersetzen weder das Handbuch "SPSS/PC+ V2.0 Base Manual for the IBM PC/XT/AT and PS/2" noch eine Einführung in das Betriebssystem MS-DOS. Allerdings kommt der "PC-Umsteiger" gerade bei SPSS/PC+ weitgehend ohne Handbuch aus, da ihm von Anfang an parallel zu seinen Aktionen stets online eine Erläuterung angezeigt wird.

Die PC-Version weist gegenüber der Großrechnerversion Einschränkungen auf, und zwar nicht nur im Prozedurangebot, sondern vor allem im Umfang der Programmiermöglichkeiten. Anderseits besitzt sie aber auch wertvolle Erweiterungen in der Benutzeroberfläche und in den Zusatzprodukten.

Wir haben die Großrechnerversion SPSS ^{X} im Stapelbetrieb vorgestellt: Der Programmtext wurde (mit einem "Editor") in einer Datei aufbereitet; dieses vollständig formulierte Programm wird sodann ausgeführt, dabei können während der Ausführung keine Änderungen oder Ergänzungen am Programm erfolgen. Im Gegensatz hierzu gestattet SPSS/PC+ interaktive Sitzungen: Die Kommandos werden während der Sitzung eingegeben, das Ende eines Kommandos - es könnte ja auch auf einer noch nicht eingetippten Folgezeile fortgesetzt werden - ist durch einen Punkt zu markieren. Eventuelle Fehler werden sofort nach der

Kommandoeingabe vom System angezeigt, es gibt vielfache bequeme Korrekturmöglichkeiten. Nach Eingabe eines Prozedur-Kommandos (OPTIONS und STATISTICS werden als Unterkommandos spezifiziert) wird die Prozedur ausgeführt. Danach kann mit weiterer Kommando-Eingabe fortgefahren werden. Das Kommando FINISH beendet die Sitzung und gibt die Kontrolle an das Betriebssystem MS-DOS zurück.

Die voreingestellte Betriebsart (ab Version 2) zeigt dem Benutzer nach Starten des SPSS/PC+ einen dreigeteilten Bildschirm. In Abb. 3 ist der Bildschirm während einer typischen Arbeitssituation zu sehen. Oben links das Menü, bei Auswahl eines Menüpunktes wird sukzessive in ein tieferes Untermenü verzweigt, und während dieser Fahrt wird in der unteren Bildschirmhälfte - dem Editorbereich - automatisch der angewählte Befehl mit seinen Unterkommandos aufgebaut. Beim Durchlaufen der Menüpunkte wird im Hilfe-Fenster rechts oben eine Erklärung zum jeweiligen Menüpunkt angezeigt. Ebenso wie das als weitere Hilfestellung angebotene Fachwörterbuch (**Glossary**) kann auch das Menüsystem deutschsprachig installiert werden. Der im Editorbereich aufgebaute Programmabschnitt wird sodann zum Ausführen abgeschickt, am Bildschirm erscheinen seitenweise die Ergebnisse (vergl. "Display File" des SPSS^X), also etwa die Prozedurausgabe oder aber auch nur eine Fehlermeldung zum abgesandten Kommando. Danach kann sich der Anwender wieder in den dreigeteilten Bildschirm einwählen und mit der Menü-orientierten Aufbereitung weiterer (oder verbesserter alter) Kommandos fortfahren. Er kann aber auch umschalten, um auf das Menüsystem zu verzichten und über die Tastatur einen Programmausschnitt in den Editorbereich einzutippen; auch in dieser Situation kann er sich durch Rückschalten zum Menüsystem im Hilfefenster die zusätzlichen Erklärungen zum jeweiligen Kommando/Unterkommande anzeigen lassen. Neben dieser Menü-orientierten Betriebsart ist ein Dialog mit einer Editor-orientierten Betriebsart möglich, und es gibt für vollständig vorformulierte Programme die Betriebsart der Stapelverarbeitung.

9.1 Mögliche Betriebsarten des SPSS/PC+

Zum Verständnis der Benutzeroberfläche des SPSS/PC+ sind folgende fünf Komponenten von wesentlicher Bedeutung:

(1) Das **Listing File**, es entspricht dem **Display File** beim SPSS^X. In diese Datei werden das Protokoll (mit Erfolgs- oder Fehlermeldungen) der ausgeführten SPSS-Kommandos und die gewünschte Prozedurausgabe abgelegt. Diese Datei wird als ASCII-Datei unter dem voreingestellten Dateinamen SPSS.LIS abgespeichert, während der Ausführung erscheinen die Ergebnisse seitenweise auf dem Bildschirm (SET SCREEN ON und SET MORE ON). Bei den Editor-orientierten Betriebsarten sind die jeweils letzten Zeilen auf der oberen Bildschirmhälfte positioniert, wird dieser Bereich (über das F2-Minimenü) zum aktuellen Fenster erklärt, so kann in dieser Datei auch zurückgeblättert werden, sie kann mit dem Editor abgeändert werden und in Auszügen (F7-Minimenü) zur erneuten Ausführung (F10-Minimenü) abgeschickt werden.

(2) Die Datei des (schrittweise interaktiv zu erstellenden) Programmtextes, beim Stapelbetrieb des SPSS^X also das **Command file**. Bei der Stapelverarbeitungs-Betriebsart kann diese Datei mit einem **Editor** eines Textverarbeitungssystems aufbereitet worden sein, beim interaktiven Arbeiten wird dazu der im SPSS/PC+ integrierte Editor **REVIEW** benutzt. Mit diesem Editor REVIEW kann man aber auch in anderen ASCII-Dateien des MS-DOS editieren, z.B. wie oben erwähnt im **Listing File** SPSS.LIS. In diesem Editor-Bereich des Programmtextes werden die SPSS-Kommandos aufgebaut, und zwar entweder zeichenweise mit der Tastatur unter **REVIEW**-Kontrolle oder unter dem Menüsystem oder unter einer Mischung beider Möglichkeiten. Die aufbereiteten Kommandos werden mit dem F10-Minimenü zur Ausführung abgeschickt. Dieser Editorbereich des Programmtextes belegt in der Regel die untere Bildschirmhälfte, er wird voreingestellt unter dem Dateinamen **SCRATCH.PAD** als MS-DOS-Datei geführt.

Die PC-Version des SPSS: SPSS/PC+

(3) **Das Menü-System**. Dieses Menüsystem hat die Struktur eines Baumes; beim Durchlaufen dieses Menüs von der Wurzel (Hauptmenü) zu den Blättern wird im SCRATCH.PAD schrittweise der Text des entsprechenden Kommandos aufgebaut. Auf der Tastatur sind also nicht die einzelnen Buchstaben anzuschlagen, sondern die Bewegungsrichtungen für den Marsch durch das Menü. Das so aufgebaute Kommando kann durch das F10-Minimenü zur Verarbeitung abgeschickt werden. Das Menüsystem wird voreingestellt die linke Seite der oberen Bildschirmhälfte belegen (und also einen Teil des Listing File überdecken), s. Abb. 3. Während der Sitzung kann von der Menü-orientierten Eingabeart zur Editor-orientierten Eingabeart oder umgekehrt zurück umgeschaltet werden, bei der Editor-orientierten Eingabeart kann die Anzeige des Menü-Fensters unterdrückt werden.

(4) Auf der rechten Seite der oberen Bildschirmhälfte (s. Abb. 3) ist voreingestellt ein **Hilfe-Fenster**, das Erläuterungen zur jeweils aktiven Zeile des Menüfensters aufweist. In der voreingestellten Betriebsart verdecken also das Menüfenster und das Hilfefenster vollständig das Listing-File-Fenster, dieses kann dennoch über das F2-Minimenü aktiviert und damit natürlich auch angezeigt werden, Menü- und Hilfefenster wandern dann in die untere Bildschirmhälfte.

(5) Die **Mini-Menüs** auf der untersten Bildschirmzeile. Durch die Funktionstasten F1 bis F10 werden (aus der Editor-Umgebung und/oder aus der Menü-Umgebung) Minimenüs aufgerufen. Die diesbezügliche Bedeutung der Funktionstasten können Sie sich aus dem F1-Minimenü unter der Auswahl "Review help" anzeigen lassen, s. Abb. 1. Hier finden Sie gleichzeitig Steuerungshilfen zum Durchlaufen des Menüs.

```
────────── Guide to Review Function Keys ──────────
Information      F1   Review Help and Menus, Variable and File Lists, Glossary
Windows          F2   Switch, Change Size, Zoom
Input Files      F3   Insert File, Edit Different File
Lines            F4   Insert, Delete, Undelete
Find&Replace     F5   Find Text, Replace Text
Go To            F6   Area, Output Page, Line in Error, After Last Line Executed
Define Area      F7   Mark/Unmark Lines, Rectangle, or Command
Area Actions     F8   Copy, Move, Delete, Round Numbers, Copy Glossary Entry
Output File      F9   Write Area or File, Delete File
Run              F10  Run Commands from Cursor or Marked Area, Exit to Prompt
────────── Guide to Menu Commands ──────────
ENTER            Paste Selection & Move Down One Level in Menu
TAB or →         Temporarily Paste Selection & Move Down OneLevel
ESC or ←         Remove Last Temporary Paste & Move Up One Level
Alt-ESC          Jump to Main Menu (also Ctrl-ESC)
Alt-K            Kill All Temporary Pastes
Alt-T            Get Typing Window
Alt-E            Switch to Edit Mode
Alt-M            Remove Menus
Alt-X            Switch between Standard and Extended Menus
Alt-Cursor Pad   Scroll Help Windows and Glossary (if NumLock off)
                                                                        01
Enter command or press F1 for more help or Escape to continue
```

Abb.1: Review help im F1-Minimenü

Menüsystem und Hilfefenster sind bei der im deutschsprachigen Raum vertriebenen Version wahlweise original-englischsprachig oder deutschsprachig zu installieren. Hilfen zur ersten Benutzung finden Sie in den Hilfefenstern beim Durchlauf des Menüs vom Startpunkt **Orientierung** des Hauptmenüs.

Nach diesen vorbereitenden Erklärungen sollte es leicht gelingen, zwischen vier unterschiedlichen **Betriebsarten** des SPSS/PC+ zu unterscheiden:

(A) In der voreingestellten Betriebsart stehen **Menüsystem** und **Hilfesystem** und REVIEW-Editorbereich SCRATCH.PAD zur Verfügung, der eigentliche Editor REVIEW muß dabei jedoch gar nicht zur Anwendung kommen. Die Kommandos werden beim Durchlauf des

Menübaumes im SCRATCH.PAD aufgebaut und über das F10-Minimenü kommandoweise zur Verarbeitung abgeschickt, die Ergebnisse werden seitenweise am Bildschirm angezeigt.

(B) Eine **Editor-orientierte Betriebsart**. Aus der voreingestellten Betriebsart kommt man durch **SET AUTOMENU OFF** in diese Betriebsart, evtl. ist zusätzlich **SET MORE OFF** zu empfehlen. Es steht der zweigeteilte Bildschirm mit SPSS.LIS und SCRATCH.PAD zur Verfügung, wobei letzteres Fenster in der Regel als aktives Fenster fungieren wird.

(C) Die Betriebsart der **zeilenorientierten Eingabe** (ohne REVIEW). In diese Betriebsart gelangt man durch das Kommando **SET RUNREVIEW MANUAL**. Hier wird der Programmtext Zeile für Zeile eingetippt, der abschließende Punkt eines Kommandos signalisiert die sofortige Ausführung. Bei dieser Betriebsart kann nicht im Programmtext oder in der Ausgabe zurückgeblättert werden.

(D) Der reine **Stapelbetrieb**. Der Programmtext muß bereits in einer ASCII-Datei vorliegen, der zugehörige MS-DOS-Dateiname wird beim Aufruf des SPSS/PC+ mitgenannt. Das Programm sollte mit dem Kommando **FINISH** enden. Gewünscht wird die Wirkung eines **SET SCREEN OFF** oder zumindest eines **SET MORE OFF** sein, in der Regel wird auch ein individuelles **SET LISTING 'Dateiname'** angezeigt sein.

Wenn wir hier diese vier Betriebsarten aufzählen, so sei doch darauf hingewiesen, daß während eines Laufes in eine andere Betriebsart gewechselt werden kann. Beim ständigen Arbeiten in einer anderen als der systemseitig voreingestellten Betriebsart wird man die entsprechende Anforderung in einer Datei mit Dateinamen **SPSSPROF.INI** verstecken.

Das folgende Beispiel benutzt die voreingestellte Betriebsart (A), allerdings unter Einbeziehung des Editors REVIEW: Es wird (mittels ALT-E) in den Editor REVIEW gesprungen, um mit dem F3-Minimenü eine Datei ins SCRATCH.PAD einzufügen und über das F10-Minimenü zur Verarbeitung abzusenden. Sodann wird - das Menüsystem ist nicht wie in der Betriebsart (B) ausgeschaltet - automatisch im Menüsystem fortgefahren mit dem Aufbau des nächsten Kommandos.

9.2 Beispiel einer kurzen Sitzung mit SPSS/PC+

Als Schnappschuß wollen wir uns in folgende Situation einfinden: Eine Rohdatendatei ist unter dem Betriebssystem MS-DOS auf Magnetplatte als C:\SPSS\SPSSPGM\KURS902.DAT abgelegt, der Bequemlichkeit wegen ist ebenfalls dieser Programmanfang

```
TITLE 'Statistische Datenanalyse mit dem SPSS/PC+'.
SUBTITLE 'Beispiel 0 mit Ausschnitt aus dem Kursfragebogen'.
SET LENGTH=66 WIDTH=130 eject=off.
show.
DATA LIST FILE='c:\spss\spsspgm\kurs902.dat'/
 GESCHL 7 (A)
 DEUTSCH,MATHE,LATEIN,ENGLISCH,FRANZ,SPORT 33-38
 LAUF100M  21-23 (1).

VAR LABELS    GESCHL  'Geschlecht' /
 LAUF100M '100-m-Lauf in Sekunden'.
VALUE LABELS
  GESCHL   'W' 'weiblich' 'M'  'männlich' /
  DEUTSCH TO SPORT 1 'sehr gut' 2 'gut' 3 'befriedigend'
     4 'ausreichend'  5 'mangelhaft' 6 'ungenügend'       .
```

Abb.2: Vorbereiteter Programm-Beginn, als ASCII-Datei abgespeichert

in einer DOS-Datei abgelegt. Der kundige SPSS[X]-Kenner wird diesen Programmtext sofort verstehen, allenfalls muß er sich daran gewöhnen, daß das Ende jedes Befehls mit (voreingestellt) einem Punkt angezeigt werden muß. Wird nun eine SPSS/PC+-Sitzung begonnen, so wird zweckmäßigerweise die vorbereitete Programm-Datei in den Editor-Bereich eingefügt

Die PC-Version des SPSS: SPSS/PC+

und zur Ausführung abgeschickt; es wird sodann das Ergebnis am Bildschirm angezeigt, und danach wird wieder die Menü-Umgebung bereitgestellt. Auf der folgenden Abbildung 3 ist im Editor-Bereich (untere Hälfte) noch der Rest des bereits abgearbeiteten Programmbeginns von Abb. 2 zu sehen, über das Menüsystem ist das nachfolgende Kommando FREQUENCIES bereits soweit aufgebaut, daß im Augenblick an der Position des Zeigers (in der letzten Zeile des Editorbereichs auf Spalte 75, zwischen dem schon gewählten "HISTOGRAM INCREMENT (0.5)" und dem folgenden ".") die Option NORMAL angefügt werden kann, zu ihr ist eine Erläuterung im Hilfe-Fenster rechts oben abzulesen.

```
┌─ /HISTOGRAM ──────────┐  ┌─────────── Normal ──────────────┐
│ -Voreinstellung-      │  │ Über das Histogramm wird eine Normal- │
│  MIN ( )              │  │ verteilungskurve gelegt.              │
│  MAX ( )              │  │                                       │
│  INCREMENT ( )        │  │ Die Normalverteilungskurve hat den gleichen │
│  NORMAL               │  │ Mittelwert und die gleiche Standardabweichung │
│                       │  │ wie die dargestellte Variable. Werte, die durch │
│                       │  │ die Kennwörter MIN und MAX "abgeschnitten" │
│                       │  │ wurden, werden bei der Berechnung des Mittel- │
│                       │  │ wertes und der Standardabweichung berücksichtigt. │
└───────────────────────┘  └───────────────────────────────────────┘

 LAUF100M  21-23 (1).

   VAR LABELS     GESCHL 'Geschlecht' /
   LAUF100M '100-m-Lauf in Sekunden'.
   VALUE LABELS
   GESCHL   'W' 'weiblich' 'M' 'männlich' /
   DEUTSCH TO SPORT 1 'sehr gut' 2 'gut' 3 'befriedigend'
      4 'ausreichend' 5 'mangelhaft' 6 'ungenügend'     .
   FREQUENCIES /VARIABLES LAUF100M /FORMAT NOTABLE /HISTOGRAM INCREMENT (0.5).
                                            ─Ins──────Std Menus= 75
                                                       scratch.pad
```

Abb.3: Bildschirm mit Menü-Fenster (oben links), Hilfe-Fenster (oben rechts) und Editor-Bereich (untere Hälfte)

Eine Seite der Bildschirmausgabe zu diesem FREQUENCIES-Kommando haben wir in der Abbildung 4 festgehalten. Natürlich kann diese Ausgabe zu einem Drucker geleitet werden.

```
                                                        MORE
           Statistische Datenanalyse mit dem SPSS/PC+          3/23/90
   Beispiel 0 mit Ausschnitt aus dem Kursfragebogen

   LAUF100M    100-m-Lauf in Sekunden
      Count    Midpoint
          7      11.25  ██████████:██████
          5      11.75  █████████████  .
         15      12.25  ████████████████████████:████████████████
          9      12.75  █████████████████████  .
         20      13.25  ████████████████████████:████████████████████████
          5      13.75  █████████████  .
          2      14.25  █████     .
          4      14.75  ██████████   .
          7      15.25  ██████████:███████
          2      15.75  █████ .
          2      16.25  ██:██
          1      16.75  :█
          2      17.25  :████
                        I....+....I....+....I....+....I....+....I....+....I
                        0        4        8       12       16       20
                                   Histogram Frequency

   Valid Cases     81       Missing Cases      39
```

Abb.4: Eine Seite der Bildschirmausgabe zur Prozedur FREQUENCIES

10.0 Neuerungen der Versionen 3 und 4

Die Version 3 des SPSS^X und (seit Frühjahr 1990) die Version 4 brachten einige Neuerungen sowohl in der Erweiterung des Verfahrensspektrums als auch im Leistungsumfang einzelner Prozeduren sowie bei der Syntax.

Da wir uns in diesem einführenden Text ohnehin auf die - in unseren Augen - gebräuchlichsten Verfahren beschränken, soll auf die Beschreibung neu hinzu gekommener Verfahren oder Varianten verzichtet werden. In Bezug auf die Syntax sind allerdings einige Punkte erwähnenswert. Dabei beschränken wir uns auch weiterhin darauf, daß das Programm für die Stapelverarbeitungs-Betriebsart in einem Command File aufbereitet wird.

10.1 Neue Namen einiger Prozeduren

Wie in der PC-Version SPSS/PC+ (vgl. Kap. 9) sind die Namen einiger Prozeduren verändert worden. So bekommt

BREAKDOWN	den neuen Namen	MEANS
CONDESCRIPTIVE		DESCRIPTIVES
PEARSON CORR		CORRELATIONS .

Allerdings gelten die alten Namen (wie bei SPSS/PC+) nach wie vor als Aliasname, so daß der Benutzer (vorerst) seine alten Programme nicht ändern muß.

10.2 Wegfall von OPTIONS und STATISTICS

Prozeduren, die bisher zur Angabe von Spezifikationen noch OPTIONS- und STATISTICS-Anweisungen (wie in diesem Text beschrieben) hatten, sind ab Version 3 dahingehend geändert worden, daß diese Spezifikationen nunmehr über Unterkommandos und Schlüsselwörter anzugeben sind. Anstelle der Bedeutung der bisher anzugebenden Zahlen zur Auswahl entsprechender Spezifikationen muß man sich also in Zukunft solche Schlüsselwörter merken oder besser nachschlagen. So heißt es also ab Version 3 nicht mehr wie im Beispiel 1:

```
CROSSTABS TABLES=GESCHL BY DEUTSCH MATHE
STATISTICS 1
OPTIONS 3,4,9,14          ,
```

sondern die Schreibweise lautet ab Version 3:

```
CROSSTABS TABLES=GESCHL BY DEUTSCH MATHE/STATISTICS=CHISQ/
         CELLS=COUNT ROW COLUMN EXPECTED
```

Auch hier braucht der Benutzer seine alten Programme vorerst nicht umzuschreiben, denn nach wie vor "versteht" SPSS^X die alte Schreibweise mit OPTIONS und STATISTICS, wie sie bisher in diesem Text beschrieben worden ist, mit Ausnahme derjenigen OPTIONS, die sich auf die Ein-/Ausgabe von Matrizen beziehen (vgl. nächsten Abschnitt).

10.3 Das MATRIX Unterkommando

Einige Prozeduren des SPSS^X können Ergebnisse in Matrixform für die Weiterverarbeitung speichern oder umgekehrt auch einlesen. Es handelt sich dabei im wesentlichen um Korrelationsmatrizen (CORRELATIONS, NONPAR CORR, PARTIAL CORR, REGRESSION, FACTOR, DISCRIMINANT) oder um Proximitäten (ALSCAL, CLUSTER, PROXIMITIES), die von der jeweiligen Prozedur erstellt und maschinenlesbar gespeichert werden, damit sie später in einer anderen Prozedur (oder in einem weiteren Aufruf der gleichen Prozedur) eingelesen und zur weiteren Verarbeitung verwendet werden können.
Hier war bisher die umständliche Angabe des Dateinamens mit der PROCEDURE OUTPUT bzw. INPUT MATRIX erforderlich (vgl. Beispiele 12 und 13). Ab Version 3 werden solche Matrizen als System File gespeichert, und die Ein-/Ausgabe erfolgt in den jeweiligen Prozeduren über das einheitliche MATRIX-Unterkommando, welches entsprechende READ oder WRITE Unterkommandos und/oder eventuelle OPTIONS ersetzt.
Das Kommando INPUT MATRIX ist dadurch ab Version 3 ersatzlos gestrichen, das PROCEDURE OUTPUT Kommando entfällt für die Matrixausgabe, behält aber seine Bedeutung etwa noch bei CROSSTABS, wo es zur Angabe einer Datei für die Ausgabe der Zellhäufigkeiten dient (mit OPTIONS 10 oder 11).
Die allgemeine Form des MATRIX-Unterkommandos lautet:

      MATRIX IN = (Dateinangabe)

oder

      MATRIX OUT = (Dateiangabe)   .

IN = (Dateiangabe) spezifiziert diejenige Datei (ddname) als System File, von der die Matrix einzulesen ist.

OUT = (Dateiangabe) spezifiziert diejenige Datei (ddname), auf welche die Matrix zu schreiben ist. Die Angabe (*) als Dateiangabe bewirkt, daß die neuerstellte Datei zum aktuellen Active File erklärt wird.

Beispiele für die Verwendung des MATRIX-Unterkommandos findet man in Anschluß an Beispiel 12 (bei CORRELATIONS und PROXIMITIES).
Das Format einer als System File gespeicherten Matrix hängt ab von der Art der Matrix, unterscheidet sich also danach, ob es sich um eine Korrelations-, Faktorladungs- oder Proximitätsmatrix handelt. Die Variablen bestehen beispielsweise bei einer Korrelationsmatrix aus den ursprünglichen Variablen, wobei noch einige Variablen hinzugefügt werden, die Informationen über die Art und Namen der Matrixzeilen enthalten. Nähere Angabe erhält der interessierte Leser (außer aus dem vollständigen Handbuch der Version 3) dadurch, daß er sich den Informationsteil (Dictionary, vgl. S.9) einer solchen Datei mit DISPLAY DICTIONARY und LIST VARIABLES = ALL anzeigen läßt.

Zu ergänzen bleibt noch, daß bei solchen Prozeduren, bei denen unterschiedliche Matrizen aus- oder eingegeben werden können, ein unterscheidender Parameter zusätzlich in das MATRIX Unterkommando (wie vorher in dem WRITE/READ-Unterkommando) aufgenommen worden ist.
So schreibt man ab Version 3 bei der Prozedur FACTOR für die Ausgabe einer Faktorladungsmatrix auf eine Datei

        MATRIX OUT = (FACTOR Dateiangabe)   ,

wo bei bisherigen Versionen

        WRITE = FACTOR

stand (ergänzt durch ein vor dem Aufruf der Prozedur FACTOR plaziertes Kommando PROCEDURE OUTPUT OUTFILE = Dateiangabe).

Die Möglichkeit, Matrizen als Rohdaten einzulesen und in ein System File umzuwandeln, welches dann mit dem MATRIX IN-Unterkommando in entsprechende Prozeduren eingelesen werden kann, bietet die ab Version 3 neu hinzugefügte Prozedur MATRIX DATA, auf die wir hier allerdings nur verweisen können.

Literatur

a) SPSS, SPSS^X, SPSS/PC+

- Nie, N.H., et.al.: SPSS Statistical Package for the Social Sciences, Mc Graw-Hill, New York usw., 1970
- Nie, N.H., et.al.: SPSS Statistical Package for the Social Sciences, 2nd Ed., Mc Graw-Hill, New York usw., 1975
- Hull, C.H., Nie, N.H. : SPSS-Update 7-9, New Procedures and Facilities for Release 7-9, Mc Graw-Hill, New York usw. 1981
- SPSS Inc.: SPSS^X User's Guide, A complete Guide to SPSS^X Language and Operations, Mc Graw-Hill 1983
- Norusis, M.J.: SPSS^X Introductory Statistics Guide, Mc Graw-Hill, 1983
- Norusis, M.J.: SPSS^X Advanced Statistics Guide, Mc Graw-Hill, 1985
- SPSS Inc.: SPSS Statistical Algorithms, Chicago 1985
- SPSS Inc.: SPSS^X User's Guide, 2nd Edition, SPSS Inc.+Mc Graw-Hill, 1986
- SPSS Inc.: SPSS^X User's Guide, 3rd Edition, Chicago 1988
- SPSS Inc.: SPSS Reference Guide, Chicago 1990
- Norusis, M.J./SPSS Inc.: SPSS Base System User's Guide, Chicago 1990
- Norusis, M.J./SPSS Inc.: SPSS Advanced Statistics User's Guide, Chicago 1990
- Norusis, M.J./SPSS Inc.:SPSS/PC+ V2.0 Base Manual, Chicago 1988

- Beutel, P. et.al.: SPSS-9-Statistik Programmsystem für die Sozialwissenschaften, Gustav Fischer Verlag, Stuttgart 1983
- Brosius, G.:SPSS/PC+-Basics und Graphics, Einführung und praktische Beispiele, Mc Graw-Hill, Hamburg 1988
- Brosius, G.:SPSS/PC+-Advanced Statistics und Tables, Einführung und praktische Beispiele, MC Graw-Hill, Hamburg 1989
- Kähler, W.-M.SPSS^X für Anfänger, Vieweg Verlag Braunschweig 1981
- Schubö, W.: SPSS^X Handbuch der Programmversion 2.2, Gustav Fischer Verlag, Stuttgart 1986
- Uehlinger, H.M.: SPSS/PC+ Benutzerhandbuch, Gustav Fischer Verlag, Stuttgart 1988

b) Statistik

- Backhaus, K., et.al.: : Multivariate Analysemethoden, Springer Verlag, Heidelberg usw. 1987
- Bleymüller, J. et.al.: Statistik für Wirtschaftswissenschaftler, Verlag Vahlen München 1985
- Bortz, J.: Lehrbuch der Statistik für Sozialwissenschaftler, Berlin usw. 1977
- Claus, G., Ebner, H.: Grundlagen der Statistik für Psychologen, Pädagogen und Soziologen, Frankfurt 1977
- Cooley, W.W., Lohnes, P.R.: Multivariate Data Analysis, John Wiley & Sons, New York usw. 1971
- Fahrmeier, L., Hämerle, A. (Hrsg): Multivariate statistische Verfahren, Walter de Gruyter, Berlin usw. 1984
- Hartung, J.: Statistik, Lehr- und Arbeitsbuch der angewandten Statistik, Oldenbourg Verlag, München 1986
- Hartung, J., Ebelt, B.: Multivariate Statistik, Oldenbourg Verlag, München 1984
- Lienert G.A.: Verteilungsfreie Methoden der Biostatistik, Verlag Anton Hain, Meisenheim am Glan, 1973
- Steinhausen, D., Langer, K.: Clusteranalyse, Walter de Gruyter Verlag, Berlin usw. 1977

Stichwortverzeichnis

A

active file 9
ADD FILES 42, 84
    DROP 84
    IN 84
    KEEP 84
    MAP 84
    RENAME 84
AGGREGATE 80
    BREAK 80
    deskriptive Statistiken 81
        FGT 81
        FIN 81
        FIRST 81
        FLT 81
        FOUT 81
        LAST 81
        MAX 81
        MEAN 81
        MIN 81
        N 81
        NMISS 81
        NU 81
        NUMISS 81
        PGT 81
        PIN 81
        PLT 81
        POUT 81
        SD 81
        SUM 81
    MISSING 80, 82
        COLUMNWISE 82
    OUTFILE 80
aktuelle Datei 9
alpanumerisch 6
AND 41
ANOVA 107
    BY 107
    WITH 107
Auftrag 6
Aufzählende Variablen 51
AUTORECODE 39
    INTO 39

B

BEGIN DATA 26
Beobachtung 6
Betriebsart 139
Betriebssystem 6
between groups scatter matrix 103
Blank 4
BREAKDOWN 54
    CROSSBREAK 54
    TABLES 54
    VARIABLES 54

C

CANCORR 109
CLUSTER 131, 132, 135
    DENDROGRAM 133
    ID 133
    MEASURE 132
        BLOCK 132
        CHEBYCHEV 132
        COSINE 132
        DEFAULT 132
        EUCLID 132
        POWER 132
        SEUCLID 132
    METHOD 132
        BAVERAGE 132
        CENTROID 132
        COMPLETE 132
        MEDIAN 132
        SINGLE 132
        WARD 132
        WAVERAGE 132
    MISSING 132
        DEFAULT 132
        INCLUDE 132
        LISTWISE 132
    PLOT 133
        HICICLE 133
        VICICLE 133

Stichwortverzeichnis

PRINT 133
   CLUSTER 133
   DISTANCE 133
   SCHEDULE 133
READ 132
   LOWER 132
   SIMILAR 132
   TRIANGLE 132
SAVE 133
WRITE 132
   DISTANCE 132
Clusteranalyse 131
Command File 8, 143
COMMENT 10
COMPUTE 39
   ABS 40
   ARSIN 40
   ARTAN 40
   COS 40
   EXP 40
   LG10 40
   LN 40
   MAX 40
   MEAN 40
   MIN 40
   MOD 40
   NORMAL 40
   RND 40
   SD 40
   SIN 40
   SQRT 40
   SUM 40
   TRUNC 40
   UNIFORM 40
   VARIANCE 40
   YRMODA 40
CONDESCRIPTIVE 31
CORRELATIONS 143
COUNT 41
   HI 42
   LO 42
   THRU 42
CROSSTABS 32
   BY 32
   Chiquadrat-Test 33
   Eta 33
   Gamma 33
   Kendall's tau b 33
   Kendall's tau c 33
   Kontingenzkoeffizient 33
   Pearson 33
   Phi-Koeffizient 33
   Somer's D 33
   Symmetrischer Unsicherheitskoeffizient 33
   Symmetrisches Lambda 33
   TABLES 32

D

DATA LIST 12, 13
   FILE 12
   NOTABLE 12
   RECORDS 12
   TABLE 12
Dateienverarbeitung 80
Datenmatrix 6
Datenmodifikationen 34
DD 5
DESCRIPTIVES 143
Dichotomisierte Variablen 51
Dictionary 9
DISCRIMINANT 120, 122
   ANALYSIS 122
   FIN 123, 124
   FOUT 123, 124
   FUNCTIONS 124
   GROUPS 122
   MAXSTEPS 123
   METHOD 122, 123
      MAHAL 123
      MAXMINF 123
      MINRESID 123
      RAO 123
      WILKS 123
   PIN 124
   POUT 124
   PRIORS 125
      EQUAL 125
      SIZE 125
   SAVE 125
      CLASS 125
      PROBS 125
      SCORES 125
   SELECT 123
   TOLERANCE 124
   VARIABLES 122
   VIN 124
discriminant scores 121
Diskriminanzanalyse 120
Diskriminanzfunktionen 121
DISPLAY 25
Display File 9
DO IF 46
DO REPEAT 45

E

EDIT 11
Editor 138, 139
Einfachstruktur 96
Einstichprobentests 73
Einweg-Varianzanalysen 104
ELSE 46
ELSE IF 46
END DATA 26
END IF 46
END PROGRAM 25
END REPEAT 45
EXECUTE 42, 43

F

FACTOR 95, 97
  ANALYSIS 98
  CRITERIA 99
    DEFAULT 99
    DELTA 99
    ECONVERGE 99
    FACTORS 99
    ITERATE 99
    KAISER 99
    MINEIGEN 99
    NOKAISER 99
    RCONVERGE 99
  DIAGONAL 100
    DEFAULT 100
  EXTRACTION 98
    ALPHA 98
    DEFAULT 98
    GLS 98
    IMAGE 98
    ML 98
    PAF 98
    PC 98
    ULS 98
  Faktorscores 100
  FORMAT 99
    BLANK 99
    DEFAULT 99
    SORT 99
  MISSING 97
    DEFAULT 97
    INCLUDE 97
    LISTWISE 97
    MEANSUB 97
    PAIRWISE 97
  PLOT 99
    EIGEN 99
    ROTATION 99
    Scree-Plot 99
  PRINT 98
    AIC 98
    ALL 98
    CORRELATION 98
    DEFAULT 98
    DET 98
    EXTRACTION 98
    FSCORE 98
    INITIAL 98
    INV 98
    KMO 98
    REPR 98
    ROTATION 98
    SIG 98
    UNIVARIATE 98
  READ 101
    CORRELATION 101
    DEFAULT 101
    FACTOR 101
  ROTATION 100
    DEFAULT 100
    EQUAMAX 100
    NOROTATE 100
    OBLIMIN 100
    QUARTIMAX 100
    VARIMAX 100
  SAVE 100
    AR 100
    BART 100
    DEFAULT 100
    REG 100
  WIDTH 97
  WRITE 101
Faktoren 95
Faktorenladungen 95
Faktorenmuster 95
Feldern 1
file handle 7
FILE TYPE 13
FILE TYPE GROUPED 15
  CASE 15
  DUPLICATE 16
  FILE 15
  MISSING 16
  ORDERED 16
  RECORD 15
  RECORD TYPE 16
  WILD 16
FILE TYPE MIXED 13
  FILE 14
  RECORD 14

RECORD TYPE 14
WILD 14
FILE TYPE NESTED 17
   CASE 18
   DUPLICATE 18
      NOWARN 18
      WARN 18
   FILE 18
   MISSING 18
   RECORD 18
   RECORD TYPE 18
   WILD 18
      NOWARN 18
      WARN 18
FINISH 11
FREQUENCIES 28
   BARCHART 29
   FORMAT 29
      DOUBLE 29
      NEWPAGE 29
      NOLABELS 29
      NOTABLE 29
   HBAR 30
   HISTOGRAM 30
      INCREMENT 30
      NORMAL 30
   MISSING 29
   STATISTICS 30
      ALL 30
      DEFAULT 30
      KURTOSIS 30
      MAXIMUM 30
      MEAN 30
      MEDIAN 30
      MINIMUM 30
      MODE 30
      NONE 30
      RANGE 30
      SEKURT 30
      SEMEAN 30
      SESKEW 30
      SKEWNESS 30
      STDDEV 30
      SUM 30
      VARIANCE 30
Fundamentaltheorem der Faktoren- bzw. Hauptkomponentenanalyse 96

G

GET 9
Glossary 139
GROUPED 13
Grundprinzip der Varianz- und Kovarianzanalyse 102

H

hierarchische Clusteranalysen 131

I

IF 41
   AND 41
   EQ 41
   GE 41
   GT 41
   LE 41
   LT 41
   NE 41
   NOT 41
   OR 41
Informationsteil 9
Input Data File 8
INPUT MATRIX 25, 132, 135, 144
INPUT PROGRAM 25, 93, 101, 120

J

JCL 5
Job 6

K

Kommando 3
Kommunalitäten 96
Kontrollfeld 3
Kovarianzanalyse 103

L

LAG 40
LEAVE 47
LIST 44
LOGLINEAR 109

M

MANOVA 109
  ANALYSIS 110
  CELLINFO 117
    COR 117
    COV 117
    MEANS 117
    SSCP 117
  CONTRAST 116
    DEVIATION 116
    DIFFERENCE 116
    HELMERT 116
    POLYNOMIAL 116
    REPEATED 116
    SIMPLE 116
    SPECIAL 116
  DESIGN 111, 117
    BIAS 117
    DECOMP 117
    DESIGN 117
    OVERALL 117
    SOLUTION 117
    WITHIN 112
  DISCRIM 118
    ALPHA 118
    COR 118
    ESTIM 118
    RAW 118
    ROTATE 118
    STAN 118
  ERROR 117, 118
    COR 118
    COV 118
    SSCP 118
    STDV 118
  FORMAT 119
    NARROW 119
    WIDE 119
  HOMOGENITY 117
    BARTLETT 117
    BOXM 117
    COCHRAN 117
  MEASURE 113
  METHOD 115
    BALANCED 115
    LASTRES 115
    MODELTYPE 115
    NOBALANCED 115
    NOLASTRES 115
  NOPRINT 117
  OMEANS 118
    TABLES 118
    VARIABLES 118
  PARAMETERS 118
    COR 118
    ESTIM 118
    NEGSUM 118
    ORTHO 118
  PARTITION 115
  PLOT 119
    BOXPLOTS 119
    CELLPLOTS 119
    NORMAL 119
    PMEANS 119
    POBS 119
    SIZE 119
    STEMLEAF 119
    ZCORR 119
  PMEANS 118
    ERROR 119
  POBS 119
  PRINCOMPS 117
    COR 117
    COV 117
    MINEIGEN 118
    NCOMP 118
    ROTATE 117
  PRINT 117
  READ 120
  RENAME 115
  SETCONST 116
    EPS 116
    ZETA 116
  SIGNIF 118
    AVERF 118
    AVONLY 118
    BRIEF 118
    DIMENR 118
    EIGEN 118
    HYPOTH 118
    MULIV 118
    STEPDOWN 118
    UNIV 118
  TRANSFORM 113, 119
    BASIS 114
    CONTRAST 114
    DEVIATIONS 114
    DIFFERENCE 114

HELMERT 114
ORTHONORM 114
POLYNOMIAL 114
REPEATED 114
SIMPLE 114
SPECIAL 114
WRITE 119
WSDESIGN 113, 115
WSFACTORS 113
MARTIX OUT 144
MATCH FILES 42, 82
DROP 83
FILE 82, 83
IN 83
KEEP 83
MAP 83
RENAME 83
TABLE 83
MATRIX 144
MATRIX DATA, 145
MATRIX IN 144
MATRIX-Unterkommando 144
MEANS 143
Mehrwegs-Varianz-und-Kovarianzanalysen 107
Menü 140
Mini-Menü 140
Missing Values 6, 44
System-Missing-Values 45
User-Missing-Values 45
MIXED 13
MS-DOS 138, 139
MULT RESPONSE 51, 138
FREQUENCIES 51, 52
GROUPS 51, 52
TABLES 51, 52
VARIABLES 51, 52
MULTIPLE CLASSIFICATION (MCA) 108

N

N OF CASES 49
NESTED 13
nichthierarchisches
Ein-Pass-Verfahren 135
NONPAR CORR 70, 72
NOT 41
NPAR TESTS 73
BINOMIAL 74
Nullhypothese 74
Binomialtest 74
CHISQUARE 73
Nullhypothese 73

COCHRAN 77
Nullhypothese 77
Cochran-Q-Test 77
FRIEDMAN 77
Nullhypothese 77
Friedman-Test 77
K-S 74, 76
NORMAL 74
Nullhypothese 74, 76
POISSON 74
UNIFORM 74
K-W 78
KENDALL 78
Nullhypothese 78
Kendall'scher Konkordanzkoeffizient 78
Kolmogorov-Smirnov-Einstichprobentest 74
Kolmogorov-Smirnov-Zweistichprobentest 76
Kruskal-Wallis 78
M-W 76
Nullhypothese 76
Mann-Whitney-U-Test 76
MCNEMAR 75
Nullhypothese 75
McNemar-Test 75
MEDIAN 76, 78
Nullhypothese 76, 78
Median-Test 76, 78
MOSES 77
Nullhypothese 77
Moses-Test auf extreme Reaktionen 77
RUNS 74
Nullhypothese 74
Runs-Test 74
SIGN 75
Nullhypothese 75
Vorzeichentest 75
W-W 77
Nullhypothese 77
Wald-Wolfowitz-Runs-Test 77
WILCOXON 75
Nullhypothese 75
Wilcoxon-Test 75
NUMERIC 25, 48

O

ONEWAY 104
CONTRAST 104
POLYNOMIAL 104
RANGES 105
DUNCAN 105
LSD 105

LSDMOD 105
SCHEFFE 105
SNK 105
TUKEY 105
TUKEYB 105
OPTIONS 28, 139, 143
OR 41
Output File 9

P

PARTIAL CORR 71, 72
   BY 71
   WITH 71
PEARSON CORR 70, 72, 135
   WITH 70
PLOT 62
   CONTOUR 67
   CONTROL 67
   CUTPOINT 63, 67
      EVERY 67
   DEFAULT 65
   FORMAT 63, 64
      CONTOUR 64
   HORIZONTAL 63, 65
      MAX 65
      MIN 65
      REFERENCE 65
      STANDARDIZE 65
      UNIFORM 65
   HSIZE 63, 65, 66
   Konturplots 62
   MISSING 63, 69
      INCLUDE 69
      LISTWISE 69
      PLOTWISE 69
   OVERLAY 65, 67
   Overlay-Plots 62
   PLOT 63
      PAIR 63
      WITH 63
   REGRESSION 65, 67
   Regressionsplots 62
   SCATTER 67
   Scatterplots 62
   SYMBOLS 63, 64, 65, 67, 68
      ALPHANUMERIC 68
      NUMERIC 68
   TITLE 63, 65
   VERICAL 63
   VERTICAL 65
      MAX 65

      MIN 65
      REFERENCE 65
      STANDARDIZE 65
      UNIFORM 65
   VSIZE 63, 66
PRINT 42, 43
PRINT FORMATS 43
PROCEDURE OUTPUT 25, 70, 93, 101, 119, 132, 136, 144
Proximitätsmaße 127
PROXIMITIES 127
   ABSOLUTE 130
   ID 128, 131
   MEASURE 128, 129
      ABSOLUTE 128
      BEUCLID 128
      BLOCK 128
      BLWMN 128
      BSEUCLID 128
      BSHAPE 128
      CHEBYCHEV 128
      CHISQ 128
      CORR 128
      COSINE 128
      D 128
      DICE 128
      DISPER 128
      EUCLID 128
      HAMANN 128
      JACCARD 128
      K1 128
      K2 128
      LAMBDA 128
      MINKOWSKI 128
      NONE 128, 129
      OCHIAI 128
      PATTERN 128
      PHI 128
      PH2 128
      POWER 128
      Q 128
      RESCALE 128
      REVERSE 128
      RR 128
      RT 128
      SEUCLID 128
      SIZE 128
      SM 128
      SS1 128
      SS2 128
      SS3 128
      SS4 128
      SS5 128
      VARIANCE 128

Y 128
MISSING 128, 129
   INCLUDE 128, 129
   LISTWISE 128, 129
OUTFILE 128, 131
PRINT 128, 131
   NONE 131
   PROXIMITIES 128, 131
Proximitätsmaße 129
   BEUCLID 130
   BLOCK 129
   BLWNN 130
   BSEUCLID 130
   BSHAPE 130
   CHEBYCHEV 129
   CHISQ 129
   CORRELATION 129
   DICE 130
   DISPER 130
   EUCLID 129
   HAMANN 130
   JACCARD 130
   K1 130
   K2 130
   MINKOWSKI 129
   PATTERN 130
   PHI 130
   PHZ 129
   RR 130
   RT 130
   SEUCLID 129
   SIZE 130
   SM 130
   SS1 130
   SS2 130
   SS3 130
   SS4 130
   SS5 130
   VARIANCE 130
READ 127, 128, 130
   SIMILAR 128, 130
   SQUARE 128, 130
   SUBDIAGONAL 128, 130
   TRIANGULAR 128, 130
RESCALE 130
REVERSE 127, 130
Standardisierungsvorschrift 129
   MAX 129
   MEAN 129
   NONE 129
   RANGE 129
   RESCALE 129
   SD 129
   Z 129

STANDARDIZE 128, 129
   CASE 128, 129
   MAX 128
   MEAN 128
   RANGE 128
   RESCALE 128
   SD 128
   VARIABLE 128, 129
   Z 128
VIEW 128, 129
   CASE 128
   VARIABLE 128
WRITE 128, 131
   PROXIMITIES 128, 131
Prozeduranweisung 28

Q

QUICK CLUSTER 135, 136
   CRITERIA 136
      CLUSTER 136
      NOINITIAL 136
      NOUPDATE 136
   INITIAL 135
   MISSING 135
      DEFAULT 135
      INCLUDE 135
      LISTWISE 135
      PAIRWISE 135
   PRINT 136
      ANOVA 136
      CLUSTER 136
      DISTANCE 136
      ID 136
      INITIAL 136
   READ 135, 136
   SAVE 136
      CLUSTER 136
      DISTANCE 136
   WRITE 136

R

READ 144
RECODE 37
   CONVERT 39
   COPY 38
   ELSE 38
   INTO 37, 38
   MISSING 38
   SYSMIS 38

Stichwortverzeichnis

THRU 37
RECORD TYPE 13
REGRESSION 85
  ADJPRED 91
  BACKWARD 87
  CASEWISE 91, 92
    DEFAULTS 92
    DEPENDENT 92
    OUTLIERS 92
    PLOT 92
    PRED 92
    RESID 92
  COOK 91
  CRITERIA 89
    FIN 89
    FOUT 89
    MAXSTEPS 90
    PIN 89
    POUT 89
    TOLERANCE 89
  DEPENDENT 87, 89
  DESCRIPTIVE 88
    BADCORR 88
    CORR 88
    COV 89
    DEFAULTS 88
    MEAN 88
    N 89
    NONE 88
    SIG 88
    STDDEV 88
    VARIANCE 88
    XPROD 89
  DRESID 91
  ENTER 87
  FORWARD 87
  LEVER 91
  MAHAL 91
  MISSING 88
    INCLUDE 88
    LISTWISE 88
    MEANSUBSTITUTION 88
    PAIRWISE 88
  ORIGIN 91
  PARTIALPLOT 91, 92
  PRED 91
  READ 93
    CORR 93
    COV 93
    DEFAULTS 93
    INDEX 93
    MEAN 93
    N 93
    STDDEV 93
    VARIANCE 93
  REMOVE 87, 88
  RESID 91
  RESIDUALS 91
    DEFAULTS 91
    DURBIN 91
    HISTOGRAM 91
    ID 91
    NORMPROB 91
    OUTLIERS 91
    POOLED 92
    SIZE 91
  SAVE 91, 92
  SCATTERPLOT 91, 92
    SIZE 92
  SDRESID 91
  SELECT 89
  SEPRED 91
  SRESID 91
  STATISTICS 90
    ALL 90
    ANOVA 90
    BCOV 90
    CHA 90
    CI 90
    COEFF 90
    COND 90
    DEFAULTS 90
    END 90
    F 90
    HISTORY 90
    LABEL 90
    LINE 90
    OUTS 90
    R 90
    SES 90
    TOL 90
    XTX 90
    ZPP 90
  STEPWISE 87
  TEST 88
  VARIABLES 86
    COLLECT 87
    PREVIOUS 87
  WIDTH 93
  WRITE 93
    CORR 93
    COV 93
    DEFAULTS 93
    MEAN 93
    N 93
    NONE 93
    STDDEV 93
    VARIANCE 93

ZPRED 91
ZRESID 91
REPEATING DATA 19
   CONTINUED 21
   DATA 20
   DATA LIST 20, 21
   FILE 21
   ID 21
   INPUT PROGRAM 19, 20
   LENGTH 21
   NOTABLE 21
   OCCURS 20
   STARTS 20
   TABLE 21
REPORT 58, 59
   BREAK 60
   CFOOTNOTE 60
   CTITLE 60
   FOOTNOTE 60
   FORMAT 59
      BRKSPACE 59
      LENGTH 59
      MARGINS 59
      SUMSPACE 59
   LFOOTNOTE 60
   LTITLE 60
   RFOOTNOTE 60
   RTITLE 60
   STRING 61
   SUMMARY 60
      ABFREQ 60
      MAX 60
      MEAN 60
      MIN 60
      RELFREQ 60
      STDEV 60
      VALIDN 60
   TITLE 60
   VARIABLES 59
REVIEW 139, 140
Rohdaten 8
Rotation 96

S

SAMPLE 48
SAVE 9
SCATTERGRAM 61, 72
   HI 61
   LO 61

WITH 61
Schlüsselwörter 4
Scree-Test 96
SELECT IF 44
SET 11
Simulation 23
Simuliert 23
SORT CASES 46, 82
Spezifikationsfeld 3
Stapelbetrieb 7, 138
STATISTICS 28, 139, 143
STRING 48
Strings 6
SUBTITLE 10
System File 9
System Variable 48
System-Missing-Wert 6, 45

T

T-TEST 55
   GROUPS 55, 56
   PAIRS 56
   VARIABLES 55
TEMPORARY 42
TITLE 10
TO 4
total scatter matrix 103

U

Unverbundene Mehrstichprobentests 78
Unverbundene Zweistichprobentests 76

V

VALUE LABELS 27
VAR LABELS 26
Variable 6
Variablenliste 4
Variablennamen 4
Varianz-Kovarianz-Matrizen 103
Verbundene Mehrstichprobe 77
Verbundene Zweistichprobentests 75
Version 3 143
Version 4 143

W

WEIGHT 49
Wilk'sches Lambda 103
WRITE 42, 144
    OUTFILE 42
WRITE FORMATS 43

Z

Zeichenketten 6
Zeichenvorrat 8
Zweistichprobentests 73

$CASENUM 48
$JDATE 40, 48
$LENGTH 48
$SYSMIS 48
$TIME 48
$WIDTH 48

Oldenbourg · Wirtschafts- und Sozialwissenschaften · Steuer · Recht

Statistik
für Wirtschafts- und Sozialwissenschaften

Bamberg · Baur
Statistik
Von Dr. Günter Bamberg, o. Professor für Statistik und Dr. habil. Franz Baur.

Bohley
Formeln, Rechenregeln und Tabellen zur Statistik
Von Dr. Peter Bohley, o. Professor und Leiter des Seminars für Statistik.

Bohley
Statistik
Einführendes Lehrbuch für Wirtschafts- und Sozialwissenschaftler.
Von Dr. Peter Bohley, o. Professor und Leiter des Seminars für Statistik.

Hackl · Katzenbeisser · Panny
Statistik
Lehrbuch mit Übungsaufgaben.
Von Professor Dr. Peter Hackl, Dr. Walter Katzenbeisser und Dr. Wolfgang Panny.

Hartung · Elpelt
Multivariate Statistik
Lehr- und Handbuch der angewandten Statistik.
Von o. Prof. Dr. Joachim Hartung und Dr. Bärbel Elpelt, Fachbereich Statistik.

Hartung
Statistik
Lehr- und Handbuch der angewandten Statistik.
Von Dr. Joachim Hartung, o. Professor für Statistik, Dr. Bärbel Elpelt und Dr. Karl-Heinz Klösener, Fachbereich Statistik.

Krug · Nourney
Wirtschafts- und Sozialstatistik
Von Professor Dr. Walter Krug, und Martin Nourney, Leitender Regierungsdirektor.

Leiner
Einführung in die Statistik
Von Dr. Bernd Leiner, Professor für Statistik.

Leiner
Einführung in die Zeitreihenanalyse
Von Dr. Bernd Leiner, Professor für Statistik.

Leiner
Stichprobentheorie
Grundlagen, Theorie und Technik.
Von Dr. Bernd Leiner, Professor für Statistik.

von der Lippe
Klausurtraining Statistik
Von Professor Dr. Peter von der Lippe.

Marinell
Multivariate Verfahren
Einführung für Studierende und Praktiker.
Von Dr. Gerhard Marinell, o. Professor für Statistik.

Marinell
Statistische Auswertung
Von Dr. Gerhard Marinell, o. Professor für Statistik.

Marinell
Statistische Entscheidungsmodelle
Von Dr. Gerhard Marinell, o. Professor für Statistik.

Oberhofer
Wahrscheinlichkeitstheorie
Von o. Professor Dr. Walter Oberhofer.

Patzelt
Einführung in die sozialwissenschaftliche Statistik
Von Dr. Werner J. Patzelt, Akademischer Rat.

Rüger
Induktive Statistik
Einführung für Wirtschafts- und Sozialwissenschaftler.
Von Prof. Dr. Bernhard Rüger, Institut für Statistik.

Schlittgen · Streitberg
Zeitreihenanalyse
Von Prof. Dr. Rainer Schlittgen und Prof. Dr. Bernd H. J. Streitberg.

Vogel
Beschreibende und schließende Statistik
Formeln, Definitionen, Erläuterungen, Stichwörter und Tabellen.
Von Dr. Friedrich Vogel, o. Professor für Statistik.

Vogel
Beschreibende und schließende Statistik
Aufgaben und Beispiele.
Von Dr. Friedrich Vogel, o. Professor für Statistik.

Zwer
Einführung in die Wirtschafts- und Sozialstatistik
Von Dr. Reiner Zwer, Professor für Wirtschafts- und Sozialstatistik.

Zwer
Internationale Wirtschafts- und Sozialstatistik
Lehrbuch über die Methoden und Probleme ihrer wichtigsten Teilgebiete.
Von Dr. Reiner Zwer, Professor für Statistik.

 Oldenbourg · Wirtschafts- und Sozialwissenschaften · Steuer · Recht

Oldenbourg · Wirtschafts- und Sozialwissenschaften · Steuer · Recht

Wirtschaftslexika von Rang!

Kyrer
Wirtschafts- und EDV-Lexikon

Von Dr. Alfred Kyrer, o. Professor für Wirtschaftswissenschaften.
ISBN 3-486-29911-5
Kompakt, kurz, präzise: In etwa 4000 Stichwörtern wird das Wissen aus Wirtschaftspraxis und -theorie unter Einschluß der EDV für jeden verständlich dargestellt.

Heinrich / Roithmayr
Wirtschaftsinformatik-Lexikon

Von Dr. L. J. Heinrich, o. Professor und Leiter des Instituts f. Wirtschaftsinformatik, und Dr. Friedrich Roithmayr, Betriebsleiter des Rechenzentrums der Universität Linz.
ISBN 3-486-20045-3

Das Lexikon erschließt die gesamte Wirtschaftsinformatik in einzelnen lexikalischen Begriffen. Dabei ist es anwendungsbezogen, ohne Details der Hardware: Zum „Führerscheinerwerb" in anwendungsorientierter Informatik in Wirtschaft und Betrieb geeignet, ohne „Meisterbriefvoraussetzung" für das elektronische Innenleben von Rechenanlagen.

Woll
Wirtschaftslexikon

Herausgegeben von Dr. Artur Woll, o. Professor der Wirtschaftswissenschaften unter Mitarbeit von Dr. Gerald Vogl, sowie von Diplom-Volksw. Martin M. Weigert, und von über einhundert z. Tl. international führenden Fachvertretern.
ISBN 3-486-29691-4
Der Name „Woll" sagt bereits alles über dieses Lexikon!

 Oldenbourg · Wirtschafts- und Sozialwissenschaften · Steuer · Recht

wisu

Die Zeitschrift für den Wirtschaftsstudenten

Die Ausbildungszeitschrift, die Sie während Ihres ganzen Studiums begleitet · Speziell für Sie als Student der BWL und VWL geschrieben · Studienbeiträge aus der BWL und VWL · Original-Examensklausuren und Fallstudien · WISU-Repetitorium · WISU-Studienblatt · WISU-Kompakt · WISU-Magazin mit Beiträgen zu aktuellen wirtschaftlichen Themen, zu Berufs- und Ausbildungsfragen.

Erscheint monatlich · Probehefte erhalten Sie in jeder Buchhandlung oder direkt beim Lange Verlag, Poststraße 12, 4000 Düsseldorf 1.

Lange Verlag · Werner Verlag